兽医免疫学实验指导

温建新　主编

中国农业大学出版社
·北京·

内 容 简 介

本书结合教学工作实际，共编写11个实验项目，每个实验说明实验目的、实验原理、实验内容方法、实验要求及注意事项，并附有一定量的思考题。实际实验时可根据教学计划安排的实验学时数选择相关实验进行。本实验指导按照教学大纲的要求，实验力求实用性、科学性和先进性，既精选传统的实验内容又增添了部分目前能开展的较先进实用的实验技术。本书依教学进程安排实验次序，可帮助学生巩固基础理论知识，培养学生基本技能，提高教学效果。

图书在版编目(CIP)数据

兽医免疫学实验指导/温建新主编．—北京：中国农业大学出版社，2016.8
ISBN 978-7-5655-1699-3

Ⅰ.①兽…　Ⅱ.①温…　Ⅲ.①兽医学-免疫学-实验　Ⅳ.①S852.4-33

中国版本图书馆CIP数据核字(2016)第212719号

书　　名　兽医免疫学实验指导
作　　者　温建新　主编

策　　划	赵　中	**责任编辑**	田树君
封面设计	郑　川	**责任校对**	王晓凤
出版发行	中国农业大学出版社		
社　　址	北京市海淀区圆明园西路2号	**邮政编码**	100193
电　　话	发行部 010-62818525，8625		读者服务部 010-62732336
	编辑部 010-62732617，2618		出　版　部 010-62733440
网　　址	http://www.cau.edu.cn/caup	**E-mail**	cbsszs@cau.edu.cn
经　　销	新华书店		
印　　刷	北京时代华都印刷有限公司		
版　　次	2016年12月第1版　2016年12月第1次印刷		
规　　格	787×980　16开本　10.5印张　190千字		
定　　价	23.00元		

编审人员

主　　编　温建新

副 主 编　刘光亮　刘文华

编写人员　温建新（青岛农业大学）
刘文华（青岛农业大学）
任慧英（青岛农业大学）
邹　玲（青岛农业大学）
张　璐（青岛农业大学）
刘　慧（青岛农业大学）
周　霞（石河子大学）
刘光亮（中国农业科学院兰州兽医研究所）
赵光伟（西南大学）
肖一红（山东农业大学）
苏　艳（新疆农业大学）

主　　审　刘光亮　段新华

前　言

免疫学是兽医学院校必设的基础课程之一，按教学大纲要求兽医免疫学的实验课时占总学时的1/4左右，说明该学科具有理论与实践紧密结合的特点及实验教学在学科中的重要性。学习本实验课的目的是验证和巩固其理论知识学习和掌握本课程的基本操作技术，同时培养学生观察、思考和分析问题的能力。

作为应用名校建设工程的内容要求，实验指导在内容设置上要求学生不仅要掌握基础理论、基本知识，而且要学习和掌握各项基本技能。据此，我们编写出《兽医免疫学实验指导》一书，力求规范实验教学，从整体提高教学水平和教学质量。并加强生产实践能力的培养和训练，这也是本实验指导的特色之一。

本书结合教学工作实际，共编写11个实验项目，每个实验说明实验目的、实验原理、实验内容方法、实验要求及注意事项，并附有一定量的思考题。实际实验课时可根据教学计划安排的实验学时数选择相关实验进行。本实验指导按照教学大纲的要求，实验力求实用性、科学性和先进性，既精选传统的实验内容又增添了部分目前能开展的较先进实用的实验技术。本书依教学进程安排实验次序，可帮助学生巩固基础理论知识，培养学生基本技能，提高教学效果。免疫学和免疫学技术的发展日新月异，兽医学教育的改革不断向纵深发展，限于编者的学术及认识水平，本书难免存在缺点和不足。为此，希望广大师生对本书提出宝贵意见，以便及时加以改进。

编　者

2016年8月

目　录

第一部分　免疫学的基本实验技术

第二部分 免疫制剂制备的实例

第一部分　免疫学的基本实验技术

实验一　实验动物的基本操作技术

动物实验是指在实验室内，使用实验动物获得有关生物学、医学等方面的新知识或是为了解决具体问题而进行的科学研究。通过对动物本身生命现象的研究，进而推用到人类，来探索人类的生命奥秘，控制人类的疾病和衰老，延长人类的寿命，这是实验动物科学发展的最终目的。

实验动物科学，现在已经成为现代科学技术不可分割的一个组成部分，已形成一门独立的综合性基础科学门类。这门科学的重要性在于，一方面，它作为科学研究的重要手段，直接影响着许多领域研究课题成果的确立和水平的高低；另一方面，作为一门科学，它的提高和发展，又会把许多领域课题的研究引入新的境地。因此，实验动物科学技术的重要性可概括为下面三句话：它是现代科学技术的重要组成部分，是生命科学的基础和条件，是衡量一个科研单位乃至一个国家科学研究水平的重要标志。

在很多领域的科学研究中，实验动物充当着非常重要的安全试验、效果试验、标准试验的角色。许多动物各系统的功能与人类是相似的，如犬具有发达的血液循环和神经系统，在毒理方面的反应和人类比较接近，适于做实验外科学、营养学、药理学、毒理学、行为学等方面的研究。两栖类的蛙和蟾蜍，大脑很不发达，虽然不能用于高级神经活动的研究，但在做简单的反射弧实验时，则很合适，因为最简单的反射中枢位于脊髓，而两栖类脊髓已发展到合乎实验要求的程度，其结构简单明了，易于分析。

动物实验是免疫学实验中的一种基本实验技术，通过对动物实验技术进行相关了解和学习，掌握基本操作方法，为今后的研究实验奠定基础。本实验主要介绍实验动物最基本的操作方法：常用实验动物的编号方法、常用实验动物的捉拿固定方法、常用实验动物的免疫途径、常用实验动物的取血方法。

第一节　常用实验动物的编号方法

实验时为了分组和个体间辨别的方便，通常需要对实验动物进行编号。实验动物编号标记法的基本原则是清晰、持久、简便、适用、易辨认。主要采用的方法有颜料涂染法、烙印法、号牌法和耳号法，其中以颜料涂染法最常用。

一、颜料涂染法

使用颜料涂染进行标记时，通常选择3%～5%苦味酸溶液（呈黄色）、0.5%中性品红（呈红色）、2%硝酸银（呈咖啡色）溶液和煤焦油的酒精溶液（呈黑色）等颜料进行编号标记。

对实验动物的皮毛进行标记编号的原则是：先左后右，从上到下。一般把涂在左前腿上的记为1号，左腰部记为2号，左后腿记为3号，头顶部记为4号，腰背部记为5号，尾基部记为6号，右前腿记为7号，右腰部记为8号，右后腿记为9号。如果动物编号超过10时，可使用两种不同的颜色标记，一种颜色作为个位数，另一种颜色作为十位数，这种交互使用可编到99号，例如红色为十位数，黄色记为个位数，那么右后腿黄斑，头顶红斑，则表示是49号鼠，依此类推（图1-1）。

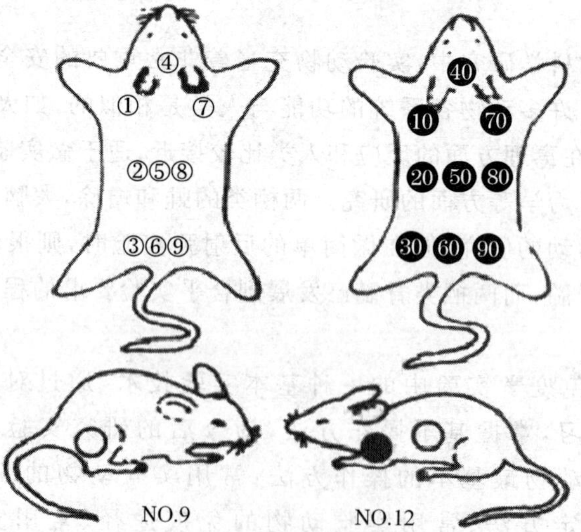

图1-1　毛皮编号标记方法

鼠尾标记编号法:标记时用棉签蘸取上述溶液,涂于鼠尾部,用来表示不同的号码(图 1-2)。

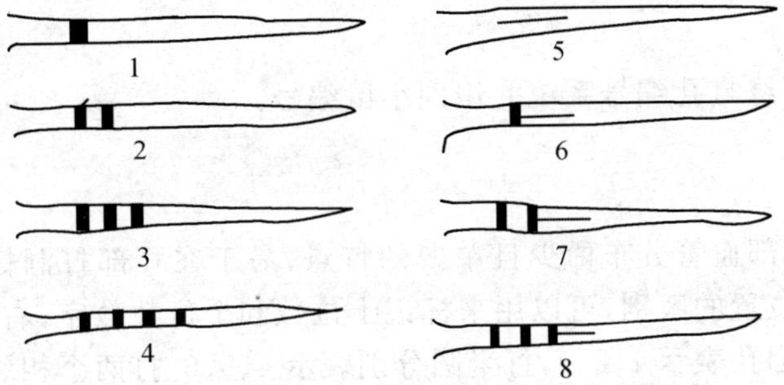

图 1-2　鼠尾标记编号法

二、烙印法

烙印法是用刺数钳在动物无体毛或明显部位(如耳、鼻部和四肢等部位)刺上编号,然后用棉签蘸着溶有乙醇的黑墨汁在编号上涂抹。烙印前,最好对烙印部位预先用 75%乙醇消毒,以免造成皮肤局部感染。

三、号牌法

号牌法是指将标有编号的金属制号码牌固定在实验动物的耳部皮肤上,大动物可挂在颈上或笼箱上。

四、耳号法

有卡耳号法和标牌法两种方法,通常采用卡耳号法。

1. 卡耳号法

猪、牛、羊、鹿等一般采用此种标记方法。即将实验动物两耳的不同部位卡成豁口,然后将每个豁口所代表的数加起来,所得即是该实验动物的耳号。通常采用国际上猪的卡耳号法,左耳号代表数字大,右耳的小,是对称的大小关系。具体言之,左耳上缘每卡一个豁口为 10,下缘每卡一个豁口为 30,耳尖一个豁口为 200,耳廓中间卡一个圆孔为 800;而右耳相对部位的豁口即代表 1、3、100、400。

2. 标牌法

它是用特制的标牌卡在实验动物的耳下缘,再用特制的笔将编号写在标牌上即可，永久不褪色。北京市奶牛研究所可提供标牌和特制用具。

五、小鼠耳号法试验

【实验目的】

掌握小鼠耳缘打孔编号系统并识别小鼠编号。

【实验原理】

利用小鼠耳部血管分布稀少且单薄的特点，易于在耳部打洞标记。同时利用小鼠左耳、右耳位置的区别，可以用来标记十位数和个位数数字；右耳耳缘背部、中部、腹部一侧打圆孔表示 1、2、3，打半圆分别表示 4、5、6，打两个相邻半圆分别表示 7、8、9；左耳耳缘背部、中部、腹部一侧打圆孔表示 10、20、30，打半圆分别表示 40、50、60，打两个相邻半圆分别表示 70、80、90，详见图 1-3。

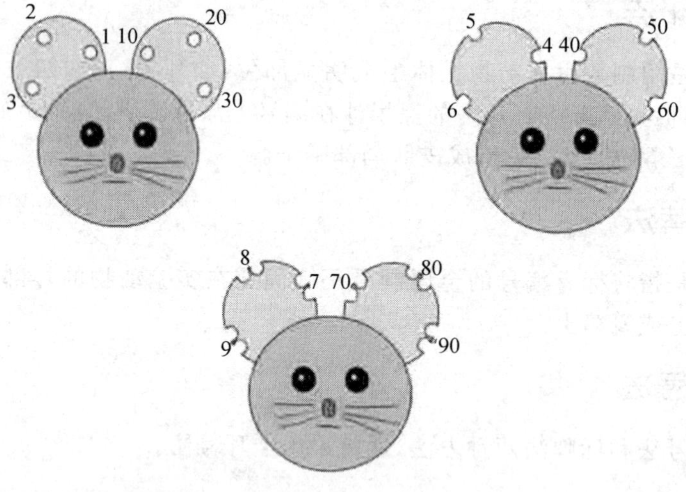

图 1-3　小鼠耳号编号系统示意图

【实验材料】

小鼠耳号打孔器、小鼠、乳胶手套、镊子。

【操作方法】

(1)将小鼠笼、打孔器和镊子在实验台上有序摆放。

(2)双手戴上乳胶手套，用镊子将小鼠从笼中取出，左手拇指和食指固定小鼠颈背部皮肤，将小拇指按压住小鼠尾部于手心。

(3)右手持小鼠耳号打孔器，在小鼠右侧耳缘按照图 1-3 所示的标识快速打孔，标记为 1～9；在小鼠右侧耳缘按照图 1-3 所示的标识快速打孔标记为十位数 10～90。

(4)将小鼠尾部松开，轻柔地将其放回鼠笼中。

【注意事项】

(1)左手固定小鼠时确保牢固，以防小鼠转头咬伤操作人员。

(2)打孔时需避开耳部血管位置，以防血管损伤或感染。

(3)在标记 7、8、9 和 70、80、90 时，切忌两个半圆形孔距离太近，以免长时间饲养后中部连接处掉落形成单个半圆孔，从而造成 4、5、6 和 40、50、60 混淆。

(4)打孔时，操作尽量迅速，以减少小鼠的痛苦与反抗。

【思考题】

1. 在给小鼠耳部打孔之前，是否需要采用 75％乙醇或碘酊消毒？为什么？

2. 如果小鼠耳部所打的圆孔边缘断裂或两个半圆孔中间连接部位脱落，该如何鉴别小鼠的编号？

第二节　常用实验动物的捉拿固定方法

正确地捉拿、固定动物，是整个实验工作的基础，从而可以保证实验的顺利进行。抓取固定动物的方法依实验内容和动物的种类而定。掌握正确捉拿、固定动物的目的就是防止实验者被动物咬伤抓伤，所以在抓取固定动物之前，首先要对实验动物的一般习性进行了解。在抓取固定实验动物时，要小心仔细，不能粗暴，这也是为了维持动物的正常生理活动，从而不影响实验观察结果。

一、动物的捉拿固定方法

一般在实验中，最常用的动物有小鼠、大鼠、豚鼠、家兔、蟾蜍、蛙和犬。现分别就其捉拿与固定方法依次予以介绍。

(一)小鼠的抓取固定

小鼠较温顺，一般不会咬人。在抓取时先用右手抓取鼠尾提起，置于鼠笼上或实验台上，或者置于较粗糙的台面上，在其向前爬行时，右手向后拉尾(图 1-4)，用左手拇指和食指抓住小鼠的两耳和颈部皮肤，将小鼠放在左手心中，把后肢拉直，并用左手无名指按住鼠尾，小指按住后腿即可。

也可用手中固定方式：左手小指钩起鼠尾，迅速以拇指和食指、中指捏住其耳后颈背部皮肤（图 1-5）。这样，可进行灌胃，皮下、肌肉和腹腔注射等实验操作。取尾血及尾静脉注射时，可将小鼠固定在金属或木制的固定器上。

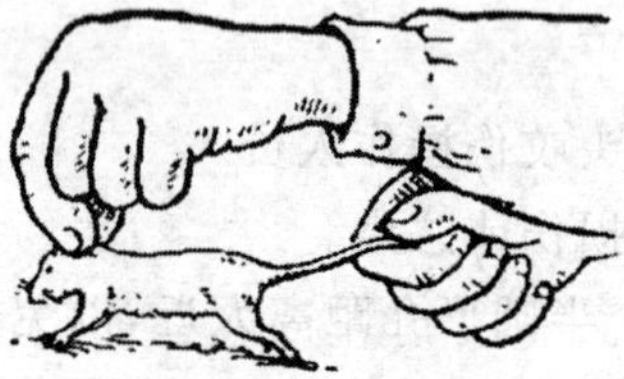

图 1-4　捉拿小鼠的方法（一）

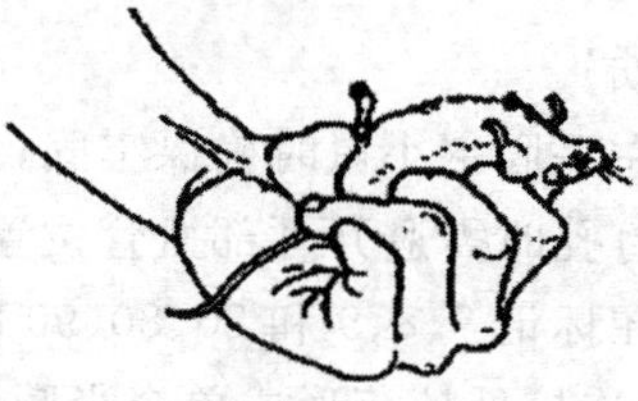

图 1-5　捉拿小鼠的方法（二）

手术解剖和心脏采血时，使动物先取背卧位（必要时先行麻醉），再用大头针将鼠前后肢依次固定在蜡板上。尾静脉注射时，可用小鼠尾静脉注射架固定，根据动物大小选择好合适的固定架，打开鼠筒盖，手提鼠尾，将动物头部对准鼠筒口并送入筒内，调节鼠筒长短合适后，露出尾巴，固定筒盖即可（图 1-6）。

（二）大鼠的抓取固定

大鼠比小鼠牙尖性猛，不易用袭击方式抓取，可实验前戴上帆布手套抓取，避免咬伤。方法基本与捉拿小鼠相同，左手拇指和食指抓紧两耳和头颈部皮肤，余下三指捏紧背部皮肤（图 1-7），如果大鼠后肢挣扎厉害，可将鼠尾放在小指和无名指之间夹住，将整个鼠固定在左手中，右手进行灌胃，腹腔、肌肉及皮下注射等操作。也可伸开左手之虎口，敏捷地从后面一把抓住。若进行手术或解剖，则应事先将其麻醉或处死，然后用棉线活结缚四肢，用棉线固定门齿，背卧位固定在大鼠固定板上。需取尾血及尾静脉注射时，可将其固定在大鼠固定盒里，将鼠尾留在外面供实验操作。

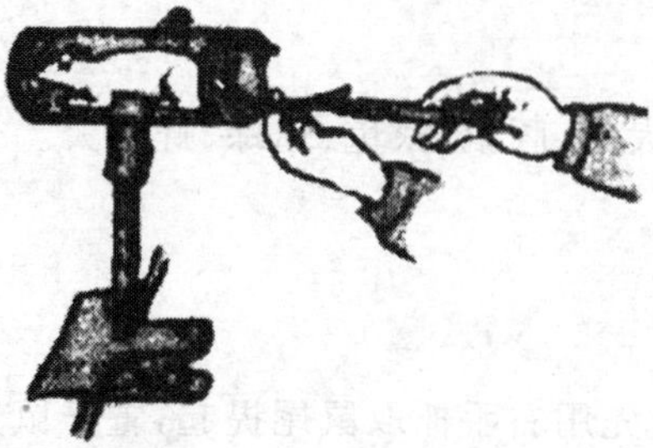

图 1-6　小鼠静脉注射

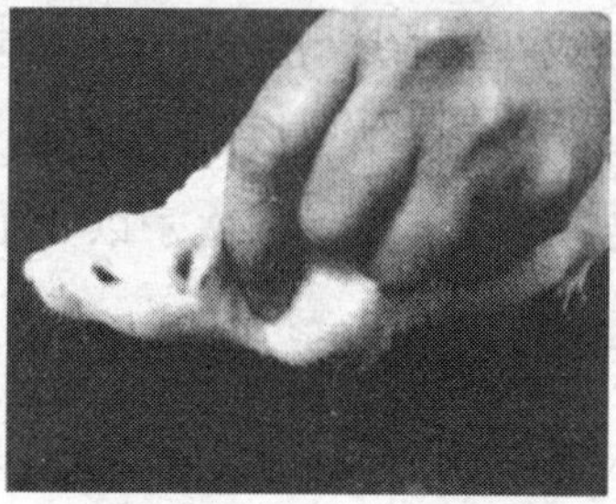

图 1-7　大鼠的抓取

(三)豚鼠的抓取固定

豚鼠胆小、易受惊吓，所以抓取时必须要按照快、准、稳的原则。一般先用右手手掌迅速扣住鼠背，抓住其肩胛上方，以拇指和食指环握颈部(图 1-8)。对于体型较大或怀孕的豚鼠，可用另一只手托住臀部(图 1-9)。

图 1-8　豚鼠的抓取与固定

图 1-9　捉拿豚鼠的方法

另一种抓取方法是：把左手的食指和中指放在颈背部的两侧，拇指和无名指放在肋部，分别用手指夹住左右前肢抓起来，然后翻转左手，用右手的拇指和食指夹住右后肢，用中指和无名指夹住左后肢，使鼠体伸直呈一条直线。注意不能抓豚鼠腰腹部，否则易造成肝破裂。固定的方式基本同大鼠。

(四)兔的抓取固定

一般用右手把两耳轻轻地压于手心内，同时抓住兔颈部的被毛与皮肤，并轻轻提起，左手托住兔的臀部或腹部，让其躯干的大部分重量集中在左手上(图 1-10)。不能抓双耳或抓提腹部，这样可以避免对动物造成损伤。然后按实验要求对兔进行固定。

图 1-10　家兔的抓取方法

家兔的固定一般分为盒式和台式固定(图 1-11)，其中盒式固定适用于兔耳采血、耳血管注射等情况；台式固定适用于手术时，固定方式分仰卧位和俯卧位，动物采用仰卧位固定时，四肢用粗棉线活结绑住固定，拉直四肢，将绳绑在兔台四周的固定棒上，家兔头用固定夹固定或用棉线钩住家兔门齿后再固定在家兔台头铁柱上。进行头颅部手术时，多采用俯卧位固定配合马蹄形固定器进行。

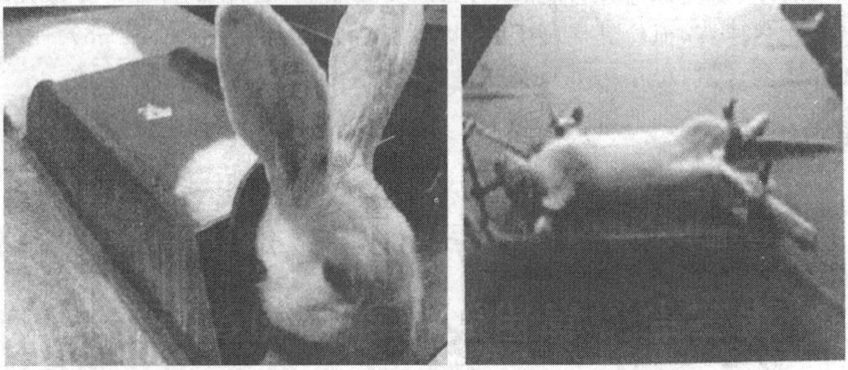

图 1-11 家兔的盒式固定和台式固定

（五）蛙和蟾蜍的抓取固定

用左手将动物贴紧在手掌中，并以左手中指、无名指、小指压住其左腹侧和后肢，拇指和食指分别撑住左、右前肢，右手进行操作。根据实验需要，可用图钉采取俯卧位或仰卧位固定在蜡板上。抓取蟾蜍时，切忌挤压两侧耳部毒腺，以免毒液射入眼中。

（六）犬的抓取固定

抓取犬时，需要用特制的长柄钳夹夹住其颈部，套上犬链，然后根据不同的实验要求将其固定。犬嘴的捆绑方法：取一圆形铁柱管（直径约 1 cm，长 25 cm，可用万能支架上的铁柱管代替）横贯置于犬齿后部的上下颌之间，用较宽的纱布从下颌绕到上颌打第 1 个结扣后，纱布的两端在铁柱管的两端靠犬的头部绕两圈固定。待固定牢靠后，纱布再绕下颌打第 2 结扣，在铁柱管的两端靠犬的头部绕 2 圈固定，最后再绕到头颈后打第 3 个结扣。固定好后，可用手试着拉动或移动铁柱管，如铁柱管牢固，则证明犬嘴捆绑正确，否则需重新捆绑。如实验需要静脉注射时，可先使动物麻醉后再取下长柄夹，解绑，把动物放在实验台上，按实验要求固定。

（七）猫的抓取固定

可参照家兔的保定方法，猫头可用头夹固定；也可用一根粗棉绳，一端拉住其两只门齿，另一端拴于操作台铁柱上。

(八)鸡、鸽的抓取固定

保定者一只手握住其两翼根部,另一只手握住两爪部,即可将其固定好。

(九)猴的抓取固定

在笼内捉取猴时,先轻轻开启笼门,右手持短柄网罩伸入笼内,由上向下罩住猴,并立即将网罩翻转,将其取出笼外,左手由罩外抓住其颈部,轻轻掀开网罩,再捉取两手臂,反背交叉握住,保定好。若在室内捉取时,则需使用长柄网罩并需两人配合罩取。

二、注意事项

(1)捉拿固定某一动物之前,要对该动物的习性有一定的了解。

(2)捉拿固定动物时须小心谨慎,大胆果断,但切不可粗暴。

(3)大鼠牙齿锋利,为避免咬伤,捉拿动作要轻,不可鲁莽,如果大鼠过于凶猛,可待其安静后,再捉拿或用卵圆钳夹鼠颈部抓取。

(4)捉拿动物过程中要以规范性的方法抓取和固定动物,要避免因动作粗暴而造成动物的损伤。例如家兔这样的动物,不能采用抓双耳或抓提腹部的错误的捉拿方法。

(5)抓取大鼠或小鼠尾部时动作要轻,防止拉断鼠尾。不可提起动物玩耍。提起动物后,应迅速放在粗糙台面上。

(6)捉拿动物过程中应防止被动物咬伤,若不慎被动物咬伤、抓伤,应及时用碘酒或乙醇消毒,随后到有关医疗机构诊治。

第三节 常用实验动物的免疫途径

免疫途径,即疫苗的接种途径,疫苗的接种途径很多,对接种途径的选择,应以能使机体获得最好免疫效果为原则。凡是能造成全身性感染的疫病,以皮下或肌肉注射为好;而主要侵入呼吸道或体表感染的疫病,以喷雾接种疫苗的效果好;以消化道为入侵门户的感染或消化道感染,则以内服给药接种的方法为好。

一、疫苗接种剂量与接种次数对免疫反应的关系

在一定范围内,随着疫苗接种剂量和次数的增加,免疫反应性增高,免疫效果增强。但如果剂量太大,次数过多,反而降低免疫力,甚至产生毒性反应;剂量过小,不足以刺激机体免疫反应产生,效果不好。一般灭活疫苗和类毒素的接种量要

大些，或者多次接种。活疫苗接种，剂量可以小一些，也不需多次接种。

二、注射方法

实验动物常用的注射方法，可以分为以下五大类：皮下注射、皮内注射、肌肉注射、腹腔注射和静脉注射。

（一）皮下注射

皮下接种是主要的免疫途径，凡引起全身性广泛损害的疾病，以此途径免疫为好。此法优点是免疫准确，效果佳良，吸收较皮内注射快，缺点是用药量较大，副作用也较皮内法稍大。一般选择皮下组织较疏松的部位注射。大、小鼠、家兔、犬等注射部位有颈背、腋下、侧腹和后肢，猪为耳根部皮下，家禽在胸部或大腿内侧，马、牛等家畜一律采用颈侧部位。

局部消毒，注射者将皮肤提起，将注射针头刺入皱褶底部，沿体轴推进 5～10 cm，若针尖易左右摆动，表明已刺入皮下，回抽无回流物即可注射，皮下呈扩散状隆起。注射完毕后，用干棉球局部压迫，防注液外漏。根据药物的浓度和畜禽的大小不同，一般用 10～20 号针头，家禽则应用针孔直径较小的针头。小鼠用 4 号针头，家兔等用 6 号针头。

（二）皮内注射

皮内接种目前只适用于羊痘苗和某些诊断液等。皮内接种的优点是使用药液剂量少，对注射局部产生的副作用小，注射后产生的免疫力比相同剂量的皮下接种更高。缺点是操作需要一定的技术与经验。大鼠、小鼠、豚鼠、家兔等动物，进行皮内注射常选择背部脊柱两侧的皮肤，猪选取耳壳外面或腹侧皮肤注射。马的皮内接种法采用颈侧、眼睑部位，牛和羊除颈侧外，还可在尾根及肩胛中央部位，猪大多在耳根后，鸡在肉髯部位，家兔则为背部脊柱两侧的皮肤。

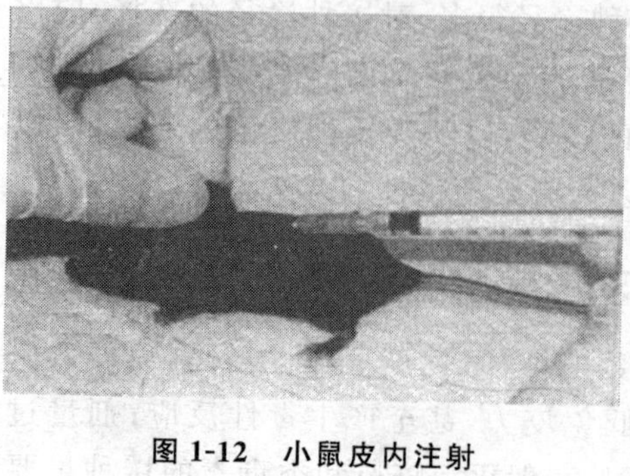

图 1-12　小鼠皮内注射

局部去毛、消毒，用左手将皮肤捏成皱襞，右手持针，一般使用专供皮内注射的注射器及螺旋针头。注射时，绷紧接种位置的皮肤，皮内注射针头的针孔朝上，与皮肤平行刺入皮内（表皮与真皮之间），将针头与皮肤约呈 30°角刺入皮下，使针头向上挑起并稍刺入，即可注射（图 1-12），然后注入疫苗。由于表皮与真皮间组织结构致密，材料注入皮内时，可见到皮肤表面出现圆形隆起，则说明材料注入确实，否则隆起很快消失，这可能注在皮下，应改变位置重新注射。

（三）肌肉注射

肌肉注射，药液吸收快，家畜肌肉接种多在颈部和臀部。极少数疫苗及血清用此法。肌肉注射的优点是操作简便，吸收快；缺点是有些疫苗会造成肌肉组织的损伤，如果选择的注射部位不当，则可能引起跛行。

大鼠、小鼠、家兔、犬等一般选择肌肉丰满而无大血管通过的臀部、大腿内外侧肌肉注射，鸡选胸肌（龙骨嵴两侧）或腓肠肌注射，马、牛、羊、猪的肌肉注射，一律采用臀部和颈部（肌肉丰满、无大血管经过的肌肉群）两个部位。局部消毒，使注射针与肌肉约成60°角，迅速刺入肌肉，回抽没有血液就可以进行注射（图 1-13）。大小鼠选用 5 号针头，家兔、猫、犬选用 6 号针头。

（四）腹腔注射

腹腔注射部位为下腹部腹中线左右两侧 1 cm 处，为避免伤及内脏，抓取固定动物时应使头稍向后低，使内脏移向上腹（图 1-14）。

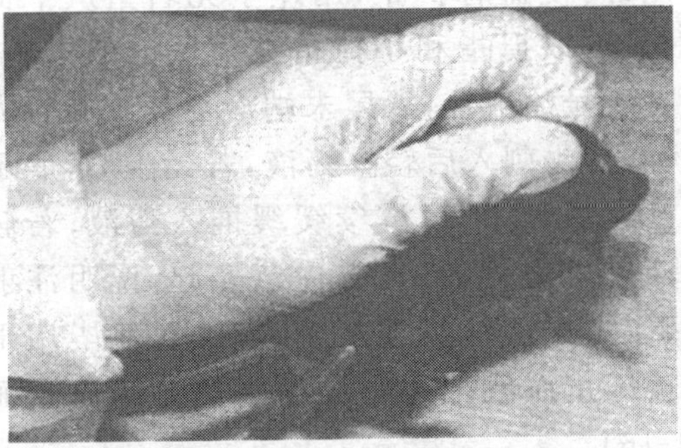

图 1-13　小鼠肌肉注射

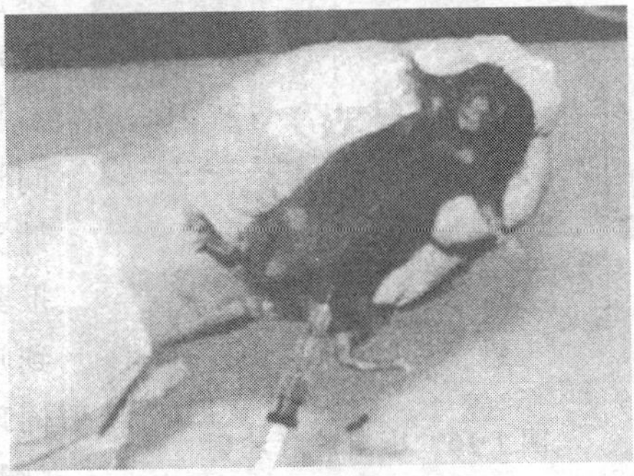

图 1-14　小鼠腹腔注射

局部消毒后，右手持注射器将针头刺入皮肤，针头到达皮下后，稍向前推，再以45°刺入腹腔（图 1-15），回抽无回血或液体方可注入药液。腹腔注射通常均选取 5 号 针头。大鼠、小鼠、豚鼠腹腔注射时，一般使用左手固定动物，右手进行注射；对体重较大的大鼠或豚鼠、家兔等动物，可由助手固定动物，暴露腹部，另一人进行注射操作。

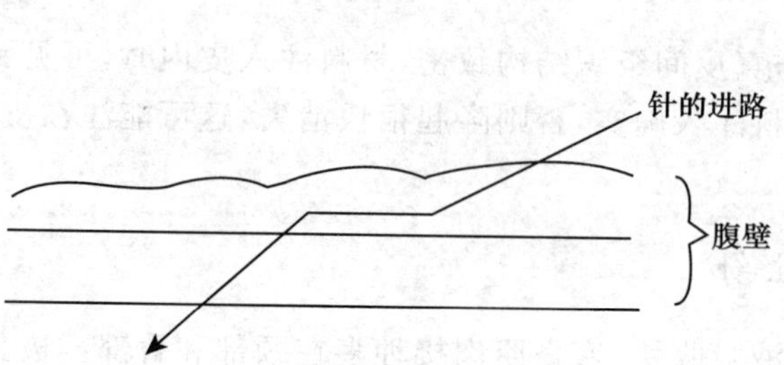

图 1-15　小鼠腹腔注射法

(五)静脉注射

静脉注射可分短暂性与连续性两种,短暂性的静脉注射多以针筒直接注入静脉,即一般常见的“打针”;连续性的静脉注射则以静脉滴注实施,俗称“点滴”。

1. 不同实验动物静脉注射方法

(1)大鼠、小鼠尾静脉注射。大鼠、小鼠尾部有四根血管,其中腹侧的一根为动脉,背部的一根为静脉,两侧各有一根静脉。两侧静脉较易固定,用来静脉注射。先固定,暴露尾部,使血管扩张,用左手无名指从下面托起尾巴,以拇指和小拇指夹住尾巴的末梢,右手持 4 号注射针,从尾末端沿与静脉平行方向进针,针头刺入后轻推药液,若无阻力,表示针头已在静脉中,可继续缓缓推入药液;若轻推药液后阻力较大,且有白色隆起,说明注射到皮下,需拔出针头重新刺入,注射完毕用干棉球按压止血或把尾巴向注射侧弯曲以止血(图 1-16)。

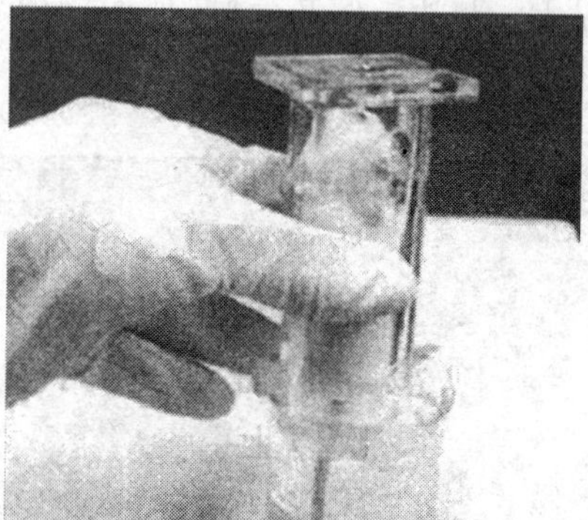

图 1-16　小鼠静脉注射

(2)豚鼠背中足静脉注射。固定动物,找到静脉,局部剪毛,消毒(为方便注射甚至可剪破皮肤),右手持 4 号注射针沿向心方向刺入血管,回抽有回血即可注射,注射后干棉球压迫止血,胶布包裹伤口。

也可耳缘静脉注射。耳缘静脉较细,注射难度大,固定很重要。操作者先使静脉充盈,用左手食指和中指夹住静脉近心端,拇指和小指夹住耳边缘部分,无名指和小指在耳下做垫,右手持 4 号注射针从静脉末端顺血管平行方向刺入,回抽如有回血,放松对耳根部血管的压迫,固定针头缓慢注入药液。

(3)家兔耳缘静脉注射。将兔盒式固定,找到耳缘静脉,拔去局部被毛,酒精擦拭使血管充盈。注射、止血方法与豚鼠基本相同。若注射成功,注射器针栓可轻松推动,可见药液在血管内流动(图 1-17)。

注射完毕后,用干棉球按压针孔,再拔出针头,以免溢血。

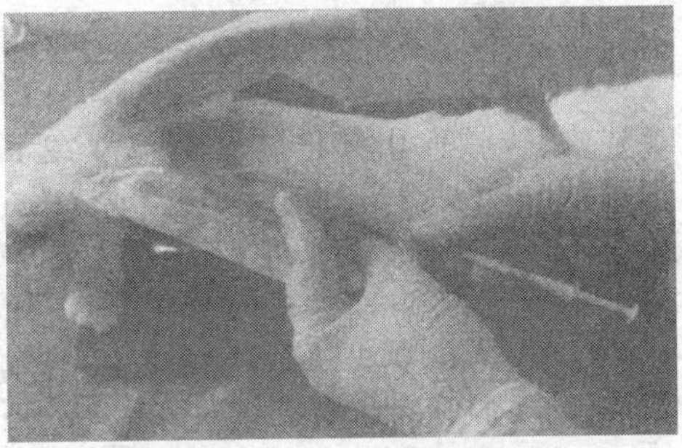

图 1-17 家兔耳缘静脉注射

2. 注意事项

应注意,注射器、针头需要经过严格消毒后方可使用。在进行静脉接种时最好每接种一个动物换一个针头。生物制品的瓶塞上应固定一个消毒过的针头,并加盖酒精棉球。吸液时应使疫苗混合均匀。免疫血清则不应振荡,以免吸取沉淀,并边吸边注射。针尖排气溢出的药液应吸入酒精棉球上,并将其收集于专用容器内,用过的酒精棉球也应放入专用的容器内,与用过的疫苗瓶一起集中处理。

(六)口服

1. 机理

有些病原体常在入侵部位造成损害,免疫机制以局部抗体为主,如呼吸道病常以呼吸道局部免疫为主,而消化道传染病可用经口免疫模拟病原微生物的侵入途径进行免疫。过去曾认为经口免疫抗原在消化道会遭到破坏而使免疫失败。近年研究表明,皮下、黏膜下众多淋巴样组织形成免疫力的 2/3。胃肠道黏膜下淋巴样组织丰富,可以接受抗原刺激而形成局部免疫。

2. 注意事项

在抗原到达肠道的过程中,确实会受到一定程度的破坏,所以疫苗口服时,必须注意以下问题。

(1)口服免疫适用于大型鸡群,此法省时省力,简单方便,反应也最小。

(2)口服苗必须是活苗,灭活苗免疫力差,不适于口服。

(3)加大疫苗的用量,一般认为口服苗的用量应为注射量的 10 倍以上。

(4)免疫前,一般应停饮或停喂半天,以保证喂饮疫苗时每个动物尽可能食入足够的剂量。

(5)饮水或拌料口服均可,但饮水比拌料效果好,因为饮水并非只进入消化道,还要经过与口腔黏膜、扁桃体等接触,而这些部位有较丰富的淋巴样组织。对喂食的饲料品质及水质要选择，过酸的饲料，过高的温度均影响抗原的活力。

(6)同是饮水免疫，不同的饮水习性免疫效果也不相同，鸭饮水免疫的效果比鸡好，因为鸭饮水常将整个鼻部浸在水中，增加了鼻咽黏膜接触疫苗的机会。饮水免疫或拌料免疫的缺点是：由于个体饮水和采食量的差异，每头动物所获得的疫苗量不同，因而免疫程度不同。

第四节　常用实验动物的取血方法

选择什么样的采血方法，主要决定于实验目的所需的血量以及实验动物的种类。

只要是用血量较少的检测，例如红、白细胞计数，血红蛋白的测定，血液涂片以及酶活性微量分析法等，可以刺破组织，选取毛细血管的血。当需血量较多时可作静脉采血。静脉采血时，如果需要反复多次取血，应该自远离心脏端开始，以免发生栓塞而影响整条静脉。研究毒物对肺功能的影响、血液酸碱平衡、水盐代谢紊乱，需要比较动、静脉血氧分压、二氧化碳分压和血液 pH 以及 K^+、Na^+、Cl^- 浓度，所以必须采取动脉血液。

一、取血方法

不同实验动物有不同的取血方法，以下主要介绍眼眶静脉毛细管取血、颌下静脉采血、断尾取血、耳缘静脉采血、前腔静脉采血 5 种方法。

(一)眼眶静脉毛细管取血

鼠一般采用此种方法取血。首先，采血前需预备特制毛细吸管，即长 7～15 cm 硬的玻璃吸管，其前端长约 1 cm，内径为 1～1.5 mm，后端逐渐扩大。将取血管浸入 1%肝素，干燥后使用。操作者一手固定动物，以左手拇指和食指、中指尽量将鼠头部皮肤捏紧，或轻轻压迫颈部两侧，使鼠头部静脉瘀血，眼球向外充分突出，眼眶静脉丛充血，另一只手持取血管，轻轻以 45°从内眼角转动刺入，深度小鼠为 2～3 mm，大鼠为 4～5 mm。当感到有阻力时即停止推进，旋转特制吸管以切开静脉丛，将针退出 0.1～0.5 mm，边退边抽，血液即流入特制吸管中。采血后，去颈部压力，拔出特制毛细吸管，放松左手，出血即停止。可短期内重复采血，采血量小鼠为 0.2～0.3 mL/次，大鼠 0.5～1.0 mL/次。左右眼轮换使用可多次采血。

（二）颌下静脉采血

颌下静脉采血多用于小鼠。小鼠颌下静脉位置浅表且较固定，可用针刺而采出少量血液，操作简便，对动物损伤小。采血时取侧卧位徒手保定小鼠于桌面上，用拇指和食指捏住小鼠耳后颈部皮肤，使其一侧面颊向上，用注射针刺入下颌下静脉，迅速拔出针头后可见血液涌出在面颊处呈球状，以试管靠近血滴收集。采血后放松颈部，按压片刻止血。

（三）断尾取血

保定之前，用电热器使其取暖，直到其出汗（表现不安），此时尾静脉充血。然后对动物进行保定，尾部用45～50℃的温水或酒精擦拭，使尾静脉充盈扩张。消毒，割去尾尖1～2 mm（小鼠）或3～5 mm（大鼠），让血液自由滴入试管或用手轻轻从尾根部向尾尖部推挤，而尾端即可用毛细吸管或血液稀释吸管收集血液。采血结束后，进行消毒，棉球压迫止血。用此法每只鼠可采血10余次。小鼠可每次采血0.1～0.3 mL，大鼠0.4～0.5 mL。或在尾部作一横切口，割破尾动脉或静脉收集血液。取血量少，小鼠0.1 mL/次，大鼠0.3～0.5 mL/次。每只鼠可采血10次以上。两侧尾静脉可轮换切割取血。

（四）耳缘静脉采血

本法为兔最常用的采血方法。将兔置于兔固定筒内固定，拔去耳缘静脉局部被毛，用手指摩擦兔耳，使静脉扩张，或者用手指轻弹耳廓，使静脉扩张隆起、消毒。为使静脉充盈扩张，还可以采用小血管夹夹在耳根的方法来阻止血液回流，如压住侧支静脉，血液更容易流出。拇指与食指按压住血管近心端，小指与无名指轻轻夹稳末梢端，中指在下面托垫。取血前耳缘部涂擦液体石蜡，可防止血液在流出时凝固。在耳缘静脉末端刺破血管待血液流出取血，或将针头逆血流方向平行刺入耳缘静脉抽取血液，或用刀片沿血管方向割破一小切口，血液即流出。取血完毕，棉球压迫止血，一次最多采血5～10 mL。可反复取血。多次采血需防静脉栓塞，采血点由远心端向近心端移动。参考采血量：每次2～3 mL，最多为10 mL。

（五）前腔静脉采血

前腔静脉采血，一般适用于体型较小，从耳采血困难的猪。猪的前腔静脉粗大而位置相对固定，但不能像耳静脉采血那样直视静脉。将猪仰卧保定，亦可取站立姿势并迫使猪抬头，使其肩胛位置下移，头部后仰，尽量拉伸颈部皮肤和皮下组织，于颈右侧第1肋骨凹窝处消毒，左手拇指压在凹窝处另4指置于对侧，从拇指旁进针，穿过皮肤后指向对侧肩胛骨角，针尖进入血管可有刺破厚纸的感觉，边退注射器边抽吸，至血液出现，采血后迅速拔针按压进针处，防局部血液渗出。

此途径采血需注意进针位置、进针斜度和指向，右侧进针容易进入前腔静脉，左侧进针则容易进入臂头动脉而导致局部瘀血。斜度太大易刺入右心房。使猪出血而死亡，斜度不足则进入颈外静脉，该静脉较细且易滑动，不易刺中而采血失败。根据采血量和采血频率选择采血针头，频繁而少量采血用细针；粗针用于频率低而采血量大时。

二、注意事项

(1)采血场所有充足的光线，室温夏季最好保持在25～28℃，冬季15～20℃为宜。

(2)采血用具与采血部位一般需要进行消毒。

(3)采血用的注射器和试管必须保持清洁干燥。

(4)若需抗凝全血，在注射器或试管内需预先加入抗凝剂。

三、取血试验

(一)小鼠眼眶静脉取血试验

【实验目的】

采集小鼠血液，分离血清或细胞。

【实验原理】

小鼠眼球后静脉窦有数支静脉连通于此，利用玻璃毛细管戳破血管壁，在毛细管力和血压的作用下，引导血液流出。

【实验材料】

小鼠/大鼠、毛细管(内径0.9～1.1 mm，太细易堵)、EP管(带管架)、洁净干棉球、优化麻醉剂(如乙醚)、抗凝剂(肝素)、碘伏、5%葡萄糖注射液。

【操作方法】

(1)准备毛细管：用手将毛细管折断，使其长4～5 cm(毛细管可用抗凝剂预先处理：浸泡、风干，以利于血流畅通)。

(2)(优化)选用体重 20 g 左右小鼠,进行麻醉。

(3)将(麻醉好的)小鼠放在桌上,使其处于伸展状态。使用左手拇指和食指紧紧提拉耳后颈部皮肤,压迫颈部两侧使眶后静脉丛充血,眼球鼓胀暴露,但用力要适当,以免小鼠窒息死亡。

(4)右手取毛细管,使用平滑端(非折断端)从眼内眦以 45°角慢慢用手搓拧而非直接插入。

(5)捻入 2~3 mm 后,感觉要出血或已有血进入毛细管时,稍微回抽毛细管,血液即可自然流出。

(6)轻扶毛细管对准 EP 管管口接取至所需血量,一般应控制在 0.3 mL 以内(20 g 左右小鼠出血量 0.4~0.5 mL 不会危及生命)。

(7)取血完成后,放松颈部皮肤,迅速拔掉毛细管,用洁净干棉球压迫止血。

(8)(优化)碘伏消毒眼部,腹腔注射 5%葡萄糖注射液 0.5 mL,以提高小鼠存活率。

【结果判定】

此方法可在不对小鼠组织器官造成永久性损伤的情况下重复采血,每次采血量可达 0.4~0.5 mL,小鼠恢复快。

【注意事项】

(1)左手固定小鼠时不可用力过大,挤压过紧,以免造成小鼠窒息死亡。

(2)注意使用毛细管的平滑管。折断端呈锯齿状,极易造成眼睑部皮肤损伤,大出血甚至戳瞎眼球。

(3)采血结束后应迅速放松颈部皮肤,避免小鼠窒息死亡。

(4)所用器材应洁净,避免细菌感染。

(5)操作细心,保障动物福利。

【思考题】

1. 眼眶静脉丛采血的取血量应该控制在怎样的范围内?

2. 毛细血管的选取、使用应注意哪些因素?

(二)小鼠颌下静脉采血试验

【实验目的】

学习并熟练掌握从小鼠颌下静脉采血方法。

【实验原理】

如图 1-18 所示，在小鼠头部两侧下颌骨末端上方存在一簇静脉丛，其中一个静脉分支通往前部嘴唇，另一个静脉分支上行至眼眶。此部位皮肤较薄、血管大小及血流适中，有利于在此处采用采血针刺透皮肤，将血管壁刺破后血液将沿创口缓慢流出，待收集完毕后，采用洁净纱布或棉球压迫伤口即可止血且不影响小鼠正常生活。

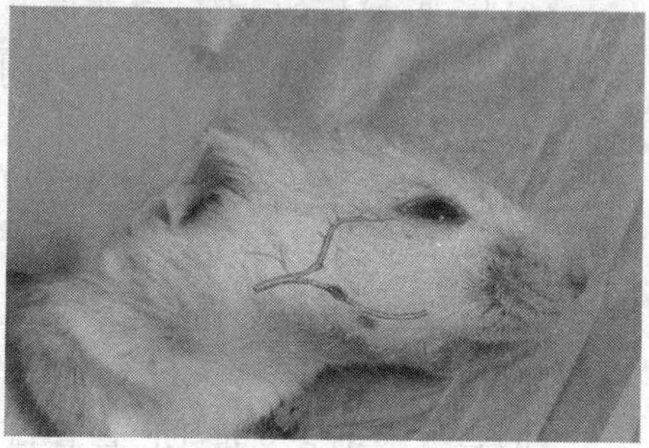

图 1-18　小鼠颌下静脉分布示意图

【实验材料】

小鼠、镊子、乳胶手套、采血针(4 mm 针头用于 2～8 周龄小鼠；5 mm 针头用于 2～6 月龄小鼠；5.5 mm 针头用于 6 月龄以上小鼠)、血液收集管、洁净纱布或棉球。

【操作方法】

(1)根据小鼠年龄阶段，选取适当针尖宽度的采血针。

(2)打开采血针的包装袋，同时准备好血液收集管、洁净纱布或棉球。

(3)双手戴上乳胶手套，用镊子将小鼠从笼中取出，左手拇指和食指紧抓小鼠双耳，小拇指按压住小鼠尾部于手心，将小鼠保定牢固，以防挣扎。

(4)右手持采血针，在小鼠头部下颌骨末端上方区域定位通往唇部的静脉血管，用采血针迅速刺向该血管。

(5)放下采血针，迅速拿起血液收集管，对准出血口，收集血液。

(6)待收集完血液样品后，迅速将洁净纱布或棉球按压出血口数秒以阻断血流。

(7)小鼠伤口将自行愈合且并无大碍。

【注意事项】

(1)采血针的大小需选择适当，过大将导致血流过多且难以止血，过小则会导致血流过慢且易凝血。

(2)适当收紧小鼠颈部皮肤可以减缓头部血液回流至心脏，从而可以加快血液收集速度。

(3)头部双侧静脉均可采用此法采血，如果从一侧静脉采血不顺畅，可以尝试另一侧静脉，切忌在一次采血过程中从单侧多次刺扎血管。

(4)在使用采血针刺扎血管时，切忌用力过猛，否则将会导致血管开口过大难以止血，严重时会导致气管扎穿或耳道刺透。

(5)体重在 20 g 左右的正常小鼠一次可采 200～300 μL 静脉血，且在 1 周之内可从单侧静脉采血 1～2 次。

【思考题】

1.根据不同的试验需求，在收集凝血和抗凝血时，对血液收集管分别有什么不同的要求？

2.采集血液的体积和动物体重的关系是什么？

(三)小鼠断尾采血法试验

【实验目的】

学习并熟练掌握小鼠断尾采血方法。

【实验原理】

小鼠尾部较长，组织结构较为单一，尾部静脉处于肢体末端，断尾后血流速度较低，且容易控制。采血完毕后止血方便，不影响小鼠的正常生活。

【实验材料】

50 mL 离心管、手术刀、小鼠、镊子、乳胶手套、手术剪、血液收集管、洁净纱布、酒精棉球、碘酊。

【操作方法】

(1)双手戴上乳胶手套，用手术刀将 50 mL 离心管底部切出一个直径约 0.5 mm 的开口。

(2)弃去离心管盖，用镊子夹起小鼠，把头部从管口放入离心管将其保定，尾部漏于管外。

(3)采用 70%酒精棉球反复擦拭尾部数次，在灭菌的同时使尾部血管充分膨胀充血。

(4)用酒精棉球消毒后的手术剪将尾部末端剪去，将剩余尾部置于血液收集管口，等待血液自然流出并收集。

(5)待血液收集至所需体积后，采用洁净纱布压迫止血，然后用碘酊消毒后将小鼠从离心管中取出并放回笼中。

【注意事项】

(1)用于保定小鼠的离心管底部的开口应大小适宜,在保证小鼠通畅呼吸的同时,避免小鼠从开口处钻出。

(2)在收集尾静脉血时,尽量不要用手按压尾部,以避免红细胞破裂造成血清质量受到影响。

(3)可对小鼠反复多次断尾采血,因此,在前期断尾采血时尽量从尾部末端开始,此后可逐步前移。

【思考题】

1. 红细胞破碎后对血清的质量存在哪些潜在影响?

2. 小鼠尾部剪断的长度对血液采集速度有何影响? 分别存在哪些潜在的危害?

3. 环境温度对断尾采血的速度影响如何?

(四)家兔耳缘静脉采血法试验

【实验目的】

学习并熟练掌握动物耳缘静脉采血方法。

【实验原理】

兔耳缘静脉沿耳背后缘走行。将覆盖在静脉皮肤上的毛剪去或用水湿润后,血管极易看见,将兔耳略加搓揉或用手指轻弹血管可使兔耳血流增加,并在耳根将耳缘静脉压迫,使其血管怒张,血液充盈便于针头采血。耳缘静脉采血法在便于操作的同时,对动物的损伤较小。

【实验材料】

乳胶手套、家兔、采血针(或者刀片)、血液采集管、酒精棉球。

【操作方法】

(1)戴上乳胶手套,先需固定兔子,一人固定前肢和头部,另外一人固定后肢和臀部。

(2)找到耳缘静脉,用手轻柔兔耳,同时采用酒精棉球擦拭,使其血管怒张。

(3)用左手食指和中指夹住静脉近心端，拇指和小指夹住耳缘部分，以左手无名指和小指放在耳下作垫，等静脉充盈后，右手持采血针使针头由静脉末端向近心端刺入。

(4)针头插入血管内后阻力较小，待有血液进入采血针头后将血液采集管与采血针另一端连接。

(5)(可选)也可用粗针头刺破耳缘静脉或以刀片在血管上切一小口，让血液自然流出即可。

(6)采集到足够的血液后用酒精棉球压住进针口。每次采集 5～10 mL，可多次采集。

【注意事项】

(1)采血过程中，需将家兔牢固保定，切忌头部四处转动。

(2)注射器使针头由静脉末端刺入，顺血管方向向心端刺 1～1.5 cm，针头刺入血管后，切忌四处摆动，尽量与血管方向保持一致。

(3)家兔左耳和右耳耳缘静脉均可用于采血，且可重复多次采血，当静脉末端血流不畅时，可逐步前移。

【思考题】

1. 环境温度对家兔耳缘静脉采血的速度影响如何？

2. 动物血液总量和体重存在什么关系？每次采血量的上限是多少？

(五)猪前腔静脉采血法试验

【实验目的】

学习并熟练掌握猪前腔静脉采血方法。

【实验原理】

猪的前腔静脉位于猪的颈部近身体中线。右手触摸胸骨柄最高点至第一肋骨间 1 cm 处，在第一对肋骨间的胸腔入口处的气管腹侧面，由左右两侧颈静脉和腋静脉汇合形成。该血管在 1 周龄猪直径约 5 mm，成年猪约 1 cm 以上。采血部位在第一对肋骨与胸骨柄结合处直前，但由于左侧靠近膈神经，故以右侧采血为宜。

【操作方法】

(1)选取合适的针筒和针头。针筒一般为 5 mL 规格的一次性针筒。由于猪的大小不同，前腔静脉的深浅不一样，要求使用的针头是不一样的。针头太短，刺不到前腔静脉；针头太长，则可能刺穿前腔静脉，同样采不到血。根据实践经验，公母猪宜选用 16＃ 50 mm 针头（这种针头猪场不常用，但很多针头生产厂家都有生产，可以找兽医药械销售店联系购买）；30 kg 以上的中大猪，宜选用 12＃ 38 mm 针头；10～30 kg 小猪，可选用 9＃ 25 mm（一次性注射器常配的针头）；10 kg 以下乳猪，应选择 9＃ 20 mm 针头（一次性注射器所配的另一种规格的针头）。

（2）猪只的固定。公母猪用保定绳固定，要求尽可能吊得高一点，使猪的头颈与水平面呈 30°以上角度（图 1-19），这样，既方便采血人员察看采血部位，又使前腔静脉向外突出，静脉血充胀。20 kg 以上的中大猪，由 1～2 个饲养员用捉猪器（或保定绳）拉住，头昂起，偏向右侧（图 1-20 和图 1-21）；20 kg 以下的小猪，可由 1～2 个饲养员抓起，倒立，后背紧靠在栏架上（图 1-22）。

图 1-19　大猪保定

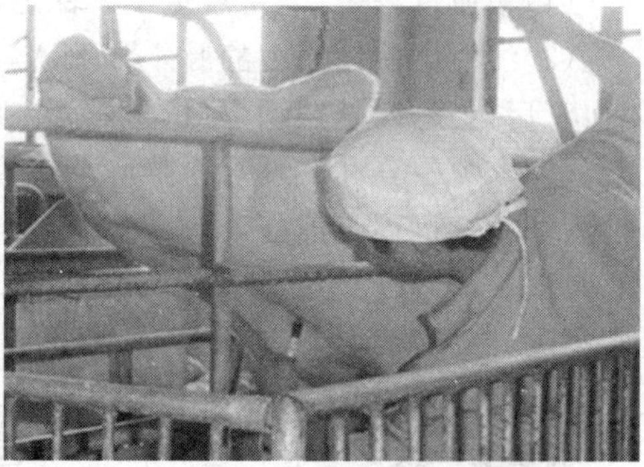

图 1-20　母猪采血

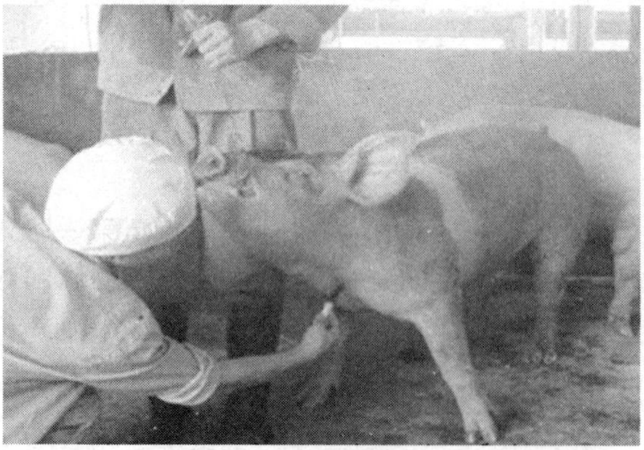

图 1-21　中猪固定和采血

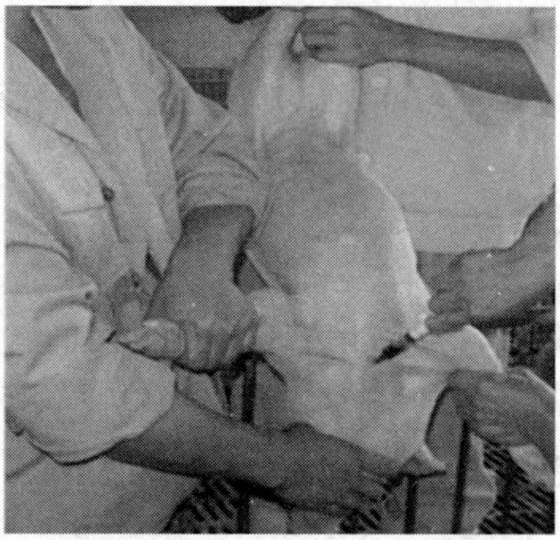

图 1-22　保育小猪固定和采血

(3)找准下针部位。猪的前腔静脉,越往头部越浅,但也越细;越靠胸部越粗,但越深。所以,采血应选择适当的部位。小猪取血的部位太靠前,血管太小,很难扎中,而且扎中了也很难抽到血液,所以,小猪的采血部位应稍靠后。中大猪和公母猪血管比较大,往后太深,针头够不到血管,所以,应略靠前。根据我们的经验,20 kg 以下的小猪应采两前肢与气管交汇处(图 1-22),公母猪和 20 kg 以上中大猪可选颈部最低凹处(图 1-19 至图 1-22)。

(4)下针和抽血。小猪:对准以上描述的部位,用针垂直刺入。拉紧针筒活塞,若针头扎中前腔静脉,可见到血液自血管源源流出,抽取所需的血量即可。如果抽不到血液,说明针头没有扎中,可上下移动针头,直到针筒中见到血液流出为止(图 1-21)。公母猪和中大猪:对准下针部位,使针头偏向气管约 15°方向下针,拉紧针筒活塞,若扎中,可见血液流出。如果见不到血液流出,说明没有扎中,有可能是前腔静脉较深,可用手顶紧针筒,使针头扎深一点。若仍采不到血,可以把针头往后稍退,或左右略微摇摆针头,直到有血液流出为止。

【注意事项】

(1)选用合适的注射器及针头。由于猪的大小不同,前腔静脉的深浅不一样,要求使用的针头型号也有所区别。采血最好使用一次性注射器,否则必须保持清洁干燥。

(2)做好保定,注意安全。按照猪体型大小,采用不同保定方式。保定后要使猪相对稳定,不能骚动,不能左右摇摆或后缩。胸前窝一定要充分暴露,才能顺利进行前腔静脉采血。抓猪、保定猪时,动作不要粗暴,要尽量用抚摸动作,使其安静。特别在套鼻捻圈套或金属圈环时,要避免人被咬伤或猪口腔受伤。

(3)选准进针的部位。猪的前腔静脉越往头部越浅,但也越细;越靠胸部越粗,但也越深,所以,采血应选择适当的部位。若小猪采血的部位太靠头部,血管太细,很难扎中,即使扎中了也很难抽出血,所以,小猪的采血部位应稍靠后。中大猪和种母猪血管比较粗,靠胸部较深,针头够不到血管,所以,应略靠前。进针时又要掌握好一定的方向、角度和深度,要及时调整。血管被刺穿,会引起血肿,要立即停止采血,需换另一头猪采血。特别要注意在对仔猪采血时,不能太猛、太深,以免伤及心包或心脏。

【思考题】

1. 选择针头注射器和针头时应注意哪些因素?

2. 猪前腔静脉采血时,进针部位和深度与猪只的年龄和体格存在何种关系?

（六）家兔心脏采血法试验

【实验目的】

学习并熟练掌握家兔心脏采血方法。

【实验原理】

家兔的心脏部位位于胸前由下向上数第三与第四肋骨间，易于定位。心脏是全身血液回流交换的场所，在房、室内的血液集中、量大，针头刺入后便于无菌采集血液。

【实验材料】

乳胶手套、家兔、保定架、剪刀、注射器、针头、酒精棉球。

【操作方法】

（1）双手戴上乳胶手套，缓慢轻轻靠近兔子，先用一只手抓住兔子颈部皮肤，另外一只手托住后肢抱起靠在操作者胸前。

（2）兔的保定：将兔仰卧保定于固定台，用绳系牢四肢，使头颈伸直为防止采血时兔挣扎，助手一手拽耳固定头部，另一手抓住兔腿，固定后躯。

（3）确定心脏的生理部位：家兔的心脏部位在胸前由下向上数第三与第四肋骨间。

（4）选择用手触摸心脏搏动最强的部位，用剪刀去毛并用酒精棉球消毒。

（5）将稍微后拉栓塞的注射器针头由第三与第四肋骨间左侧呈 30°～45°刺入心脏，当家兔略有颤动时，表明针头已穿入心脏，然后轻轻地抽取，如有回血，表明已插入心腔内，即可抽血；如无回血，可将针头退回一些，重新插入心腔内，若有回血，则顺心脏压力缓慢抽取所需血量。

（6）采集到足够血液后拔出针头，用酒精棉球压住进针口。

【注意事项】

（1）心脏采血时动作应迅速，以缩短心脏内留针时间及防止血液凝固。

（2）如针头已进入心脏但是没有血液流出，应将针头稍微后退一点，不能左右摆动以防止对心肺的损伤。

（3）采血量一次不宜超过 15 mL，若采血次数少，一次采血可超过 20 mL。

【思考题】

1. 如何准确定位家兔心脏的位置？

2. 心脏采血对家兔的潜在危害有哪些？该如何避免？

实验二　抗原的制备技术

除完整的细胞可作为抗原外，各种不同的细胞内存在的各种分子质量不同的物质，也都具有全抗原或半抗原的性质，某种抗原物质可能是某一类细胞所特有的，可作为这种细胞的一个标志。由于细胞存在着许多性质不同的抗原物质，有时要从这众多的物质中提取、纯化某种抗原物质，以供科学研究之用。

第一节　抗原的提取

【实验目的】

了解抗原的原理及制备过程。

【实验原理】

抗原的制备是一件十分细致的工作，要制备一个高纯度的抗原，需要付出艰苦的努力，制备工作涉及物理学、化学和生理学等许多领域的知识。根据物理或化学特性建立起来的分离、纯化方法的主要原理不外乎两个方面：①利用混合物中几个组分分配率的差别将它们分配到可用机械方法分离的两个或几个物相中，如盐析、有机溶剂抽提、层析和结晶等；②把混合物置于单一物相中，通过物理力场的作用使各组分分配于不同的区域而达到分离的目的，如电泳、超速离心和超滤等。由于组织细胞内存着许多分子结构和理化性质不同的抗原物质，其分离方法也不一样，就是同一类大分子物质，因选材不同，所使用的方法也有很大差别。因此很难有一个通用的标准方法供提取任何生物活性物质使用，所以在提取前必须针对所欲提取的物质，充分查阅文献资料，选用合适的方法。如果要提取一个结构及性质未知的抗原物质，更需要经过各种方法的比较探索，才能找到一些工作规律和获得预期的效果。

【实验步骤】

抗原物质的制备，大概要经过如下过程：①材料的选择和预处理；②细胞的粉碎（细胞器的分离）；③提取；④纯化；⑤浓缩或干燥，保存。

一、材料的选择及预处理

材料的选择主要根据实验目的而定。通常选含量高、工艺简便、成本低的材料。材料选定后，通常要进行预处理，剔除结缔组织、脂肪组织等，把组织块剪碎。若取材后不立即进行提取，则应冷冻保存，动物组织更要深低温保存。某些容易失活的物质，一般宜采用新鲜材料。

二、细胞的粉碎

除了提取体液、组织间液内的多肽、蛋白质、酶不需粉碎细胞外，凡要提取组织内、细胞膜上及胞内的生物活性物质，都必须把组织和细胞粉碎，使活性物质充分释放到溶液内。不同的组织、细胞的破碎难易不一，因此所使用的粉碎方法也不完全相同。如脑、胰、肝等比较软嫩的组织，用普通匀浆器研磨就行，肌肉、心脏等则需绞碎后再作匀浆。现将常用的细胞粉碎方法如下。

1. 物理法

(1)高速组织捣碎机。通常由调速器、支架、马达、带杆刀叶、有机玻璃筒等组成。把材料放于筒内(约占筒内容积的1/3)固定筒盖，开动马达，调速器由慢逐渐增至所需速度。此法适用于内脏组织。

(2)玻璃匀浆器。由一个内壁经过磨砂的玻璃管和一根一端为球状(球面经过磨砂)玻璃研杆组成。把绞碎的组织置于管内，加适量溶液，插入研杆，用手或电动转动研杆，并上下移动。用此法细胞破碎程度比高速组织捣碎机高，对大分子的破坏也少。它是粉碎少量软嫩材料(脑、胰、肝等)时常用的方法。

(3)超声波处理法。多用于软嫩组织，根据不同组织采用不同频率，处理10～15 min，超声波处理时溶液温度升高，使不耐热的物质失活，使用时为防止温度升高，除间歇开机外，还需人工降温，避免溶液内存在气泡。核酸及某些酶对超声波很敏感，要慎用。

(4)反复冻融法。把待碎样品冷却到－15～－20℃，冻固后取出，缓慢解冻，如此反复操作，可使大部分动物性细胞及胞内的颗粒破碎，但也可使生物活性物质失活。

(5)冷热交替法。把材料投入90℃左右水中维持数分钟后取出投入冰浴内，可使大部分细胞破碎。可用于提取蛋白质和核酸。

2. 化学和生物化学法

(1)自溶法。把新鲜材料置于一定的pH和适宜的温度下，利用组织细胞自身的酶系统把组织破坏，使细胞内容物释放出来。动物材料的自溶温度选在0～4℃，需加少量防腐剂，自溶时间较长，不易控制，不常用。

(2)溶菌酶处理法。多用于破坏大肠杆菌等微生物的细胞壁。在每毫升含2亿个细胞的悬液中加100 μg至1 mg溶菌酶，37℃，保温10 min，细胞就破坏了。此外，蜗牛酶、纤维素酶也被选作破碎细菌细胞之用。

(3)表面活性剂处理法。较常用的有十二烷基磺酸钠、氯化十二烷基吡啶、去氧胆酸钠等。

三、抗原的提取

提取、抽提、萃取这3个词的含义基本相同。但一般说来，提取是指在分离纯化前期，将经过处理或粉碎了的细胞置于一定条件和溶剂中，让被提取物充分地释放出来的过程，而抽提则是贯穿于分离纯化的整个过程中，如在制备核酸过程中，用氯仿反复提取蛋白液，用苯酚反复抽提分离DNA和RNA。影响提取的因素主要来自被提取物在提取的溶剂中的溶解度大小以及它由固相扩散到液相的难易。一个物质在某一溶剂中的溶解度大小和该物质的分子结构及使用的溶剂的理化性质有关。一般说来，极性物质易溶于极性溶剂，非极性物质易溶于非极性溶剂。因此，在不同的抗原提取过程中，所选用的溶剂的性质、pH、离子强度、抽提温度、介电常数等因素是提取成败的重要因素。要达到分离提纯的目的，必须灵活地应用这些因素。

现将蛋白质、核酸、多肽等抗原(半抗原)的提取方法概要叙述于下。

(一)蛋白质和酶的提取

蛋白质是由许多氨基酸连接而成的高分子物质，分子量从数千至百万。数以千计的蛋白质，按它们的功能可分成两大类，一类是活性蛋白，包括酶、激素蛋白、受体蛋白、运动蛋白、运输和贮存蛋白、防御蛋白等；另一类是非活性蛋白，如胶原蛋白、角蛋白等，不同的蛋白质由于其结构的差异，它们溶解度也各不相同。大部分蛋白质都可溶于水、稀盐、稀酸或稀碱溶液，少数与脂类结合的蛋白质则溶于有机溶剂乙醇、丙酮、丁醇等。这对选择提取蛋白质的溶剂具有重要意义。

(1)水溶液提取。由于蛋白质大部分溶于水、稀酸和稀碱溶液，因此提取蛋白质以水溶液为主，其中尤以稀盐液和缓冲液对蛋白质稳定性好，溶解度大，氢是最常用的溶剂。应注意下列几点：①盐浓度，常用等渗溶液，尤以0.02～0.05 mol/L磷酸盐缓冲液或碳酸盐缓冲液、0.15 mol/L氯化钠溶液应用较多。如酵母脱氢酶以0.66 mol/L磷酸氢二钠溶液提取，6-磷酸葡萄糖脱氢酶以0.1 mol/L碳酸氢钠液提取,脱氧核糖核蛋白在低盐溶液中溶解度小,就要用1 mol/L以上的氯化钠液提取,而某些脂肪酶,用水提取比低盐溶液提取效果更好。②pH的选择对蛋白质提取颇为重要,因为蛋白质的溶解度和稳定性与pH关系很大。提取液的pH首先要保证在蛋白质稳定的范畴内,通常在等电点的两侧,碱性蛋白如细胞色素C和溶菌酶选在偏酸一侧,酸性蛋白如肌肉甘油醛-3-磷酸脱氢酶应选在偏碱一侧。③温度:为防止活性蛋白变性、降解而失活,温度通常选在5℃以下。对少数耐温的蛋白质和酶,可适当提高温度,使杂蛋白变性分离,有利于提纯,如胃蛋白酶、酵母醇脱氢酶以及许多多肽激素可选择37~50℃条件下提取,效果比低温提取更好。

(2)有机溶剂提取。一些不溶于水、稀盐、稀酸或稀碱溶液的蛋白质和酶,常用不同比例的有机溶剂来提取。如用70%~80%乙醇提取麸蛋白;用60%~70%的酸性乙醇提取胰岛素,既可抑制水解酶对胰岛素的破坏,又可除去大量杂蛋白;用丁醇提取某些附于微粒体和线粒体的酶,一些与脂质结合牢固的蛋白质和酶以丁醇提取,效果较好。我国生化工作者曾用此法成功地提取了琥珀酸脱氢酶和碱性磷酸酯酶。丁醇提取法对pH及温度的选择范围较广(pH为3~10),温度−2~40℃均可。

(二)核酸的提取

核酸分为两大类:一类为核糖核酸(RNA),另一类为脱氧核糖核酸(DNA)。核酸的分子量极大,从数万至亿万。核酸是两性化合物,在一定的等电点,溶于水,其水溶液呈酸性,不溶于乙醇等有机溶剂。细胞内的核酸常和蛋白质结合成核蛋白。核糖核蛋白和脱氧核糖核蛋白在不同浓度的电解质溶液中的溶解度有显著区别,有一定浓度范围的氯化钠溶液中,脱氧核糖核蛋白的溶解度随着氯化钠浓度增加而逐渐下降,当氯化钠浓度为0.14 mol/L时,其溶解度仅为水中溶解度的1/100,但当氯化钠浓度再增加时,脱氧核糖核蛋白的溶解度重新增加,氯化钠浓度增加到0.5 mol/L时,其溶解度与水中溶解度相似,当氯化钠浓度增加到1 mol/L时,它的溶解度比在水中大2倍。核糖核蛋白在0.14 mol/L氯化钠溶液中仍有相当大的溶解度,因此常用0.14 mol/L氯化钠溶液提取核糖核蛋白,而提取脱氧核糖核蛋白时,则用1 mol/L氯化钠溶液。两种核糖核蛋白的溶解度与溶液的pH也有关。当pH为4.2时,脱氧糖核蛋白的溶解度最低,而pH为2.0~2.5时,核糖核蛋白的溶解度最低。所以调节氯化钠溶液的浓度和pH,可使核糖核蛋白和脱氧核糖核蛋白分离开来。

(1)RNA的提取。RNA在细胞中主要有三种类型,即rRNA(核微粒核糖核酸)、tRNA(转移核糖核酸)和mRNA(信使核糖核酸)。mRNA代谢极不稳定,提取时要求条件较严格；tRNA 当细胞破碎后，用酸处理得到“pH 为 5”沉淀，即可从中分离 tRNA；rRNA 占全部 RNA 的 80%以上，比较稳定，一般提取的大分子 RNA 主要为此部分。核内 rRNA 常先将细胞核分离后，再进行提取，可避免其他细胞组分 RNA 的干扰。

RNA 的提取，通常是用 0.14 mol/L 氯化钠溶液将组织做匀浆并反复提取细胞质中的核糖核蛋白，而留下含有 DNA 的细胞核物质，然后用 10%醋酸调至 pH 为 4.2 沉淀，离心弃去上清液，先用 0.5 mol/L 氯化钠溶液，后用水洗涤沉淀，将核糖核蛋白溶解于 0.5 mol/L 碳酸氢钠溶液中，离心，取上清液，调 pH 至 4.2，沉淀以 0.5 mol/L 氯化钠溶液洗涤，再一次除去脱氧核糖核蛋白。核糖核蛋白中的蛋白质可用含有少量辛醇的氯仿抽提除去，核酸留在碳酸氢钠水溶液中，加入乙醇，RNA 即以钠盐形式沉淀出来。

提取 RNA 的另一类方法，不须事先用 0.14 mol/L 氯化钠提取核糖核蛋白，而一步将 RNA 的蛋白质分开，并同时把 RNA 抽提出来，此类方法是在破碎细胞做成匀浆时，加入去污剂十二烷基磺酸钠或二甲苯磺酸钠；而现在最常用的方法是直接加入含水苯酚与匀浆一起振荡，DNA 和蛋白质沉淀于酚层中，水层中含 RNA 和多糖，然后用乙醇使 RNA 沉淀，四种物质一步便可初步分离开。苯酚法是目前提取不降解的 RNA 最有效的方法，其应用举例如下。

肝脏 rRNA 的提取：按肝重（鲜）加入 10 倍容积苯酚-甲酚混合液（500 g 苯酚及 70 mL *n*-甲酚于 50 mL 蒸馏水中，另加入 0.5 g 8-羟基喹啉配成）及 10 倍容积的 0.5%萘-1，5-二磺酸水溶液（*m*/*V*）做匀浆后在 20℃搅拌 20 min。

肝脏细胞核内 mRNA 的提取：先分离细胞核，再将核悬浮于 3 倍容积的 0.5% pH 为 6.5 的萘二磺酸水溶液（*m*/*V*）中匀浆后加入等量 90%（*m*/*V*）苯酚水溶液（内含 0.1% 8-羟基喹啉）在 2℃振荡提取 30 min。

酵母 tRNA 的提取：100 g 酵母（湿重）加入 200 mL 水，300 mL 90%苯酚水溶液，振荡 2 h，4℃冰箱中过液，使之提取完全。

以上介绍了用冷酚法提取各种 RNA 的一些实例，近来还有皂土酚法（即除苯酚外还加入皂土吸附蛋白质）提取 RNA，据报道，比普通酚法提取 RNA 的生物活性高 10 倍左右。但应用苯酚法提取核酸时，须注意市售苯酚常含有少量重金属和杂质，可能导致核酸降解，使用时，一般需要减压重蒸。

（2）DNA 的提取。DNA 主要存在于细胞核中，天然状态的 DNA 绝大多数是以脱氧核糖核蛋白形式存在。人细胞中提取 DNA 时，一般先获得脱氧核糖核蛋白，再将蛋白质除去，从中分离 DNA。常用的方法是以 1 mol/L 氯化钠溶液抽提，得到的脱氧核糖核蛋白溶液与含有少量辛酸或戊醇的氯仿一起振荡，除去蛋白质。

或者在组织细胞破碎后以低浓度 0.14 mol/L 氯化钠溶液(也可用 0.1 mol/L 氯化钠加 0.05 mol/L 柠檬酸代替)反复洗涤除去核糖核蛋白,再以 1 mol/L 氯化钠提取脱氧核糖核蛋白,提取仍按氯仿-戊醇抽提法除去蛋白质。两种方法比较,后一种方法使核酸降解可能少一些。以稀盐溶液提取 DNA 时,加入适量去污剂更有助于蛋白质与 DNA 的分离。

应用苯酚法也可以提取 DNA 而且不用经过脱氧核糖核蛋白这一步骤,例如大鼠肝匀浆在 6%对氨基水杨酸盐溶液内,加入同体积 90%苯酚水溶液,室温下提取 1 h,再经进一步提纯可获得 98%～99%纯度的 DNA。苯酚法也是目前提取 DNA 最常用的方法之一。

(三)活性多肽及递质的提取

活性多肽及递质的提取大体上与蛋白质的提取方法相似,可参照进行。经典神经递质如去甲肾上腺素、肾上腺素、乙酰胆碱、5-羟色胺等均可化学合成,无需用很多精力去提取。

四、抗原的分离与纯化

从细胞中提取出来的生物大分子是不纯净的,必须进一步分离纯化才能获得纯品。在生物大分子制备工作中,分离纯化是比较复杂和重要的一个环节。对于异类的物质,如提纯蛋白质和酶时混杂着核酸,提纯核酸时混杂着蛋白质或多糖,一般可用专一性酶水解、有机溶剂抽提、选择性分部沉淀等方法处理,小分子物质常在整个制备过程中多次液相与固相互相转化被分离或最后用透析方法除去。而对同类物质,如酶和杂蛋白,RNA 和 DNA 以及不同结构的蛋白质、酶、核酸之间的分离,情况则复杂得多,主要应用的方法有盐析法、有机溶剂沉淀法、等电点沉淀法、吸附法、结晶法、电泳法、超速离心法、柱层析法等。其中盐析法、等电点法、结晶法用于蛋白、酶的提纯较多;有机溶剂抽提和沉淀用于核酸提纯较多;柱层析法、梯度离心法在蛋白质和核酸的提纯工作中应用均十分广泛。本节侧重对蛋白质、酶和核酸分离纯化中与溶解度有关的一些方法做一简要叙述。

1. 蛋白质分离纯化的一些方法

(1)盐析法。

①原理。盐析法对于许多非电解质的分离纯化都是适合的,也是蛋白质和酶提纯工作应用最早,至今仍广泛使用的方法。其原理是蛋白质、酶在低盐浓度下的溶解质随着盐液浓度升高而增加(此时称为盐溶);当盐浓度不断上升时,蛋白质和酶的溶解度又以不同程度下降并先后析出,称为蛋白质的盐析。这一现象是由于

蛋白质分子内及分子间电荷的极性基团有着静电引力，当水中加入少量盐类时，由于盐类离子与水分子对蛋白质分子上的极性基团的影响，使蛋白质在水中溶解度增大。但盐浓度增加到一定程度时，蛋白质表面的电荷大量被中和，水化膜被破坏，于是蛋白质就相互聚集而沉淀析出。盐析法就根据不同蛋白质和酶在一定浓度的盐溶液中溶解度降低程度的不同而达到彼此分离的方法。

②盐的选择。蛋白质盐析常用中性盐，主要有硫酸铵、硫酸镁、硫酸钠、氯化钠、磷酸钠等。其中应用最广的是硫酸铵，其优点是温度系数小而溶解度大（25℃时饱和溶解度为 4.1 mol/L，即 767 g/L；0℃时饱和溶解度为 3.9 mol/L，即 676 g/L），在这一溶解度范围内，许多蛋白质和酶都可以盐析出来，而且硫酸铵价廉易得，分段效果比其他盐好，不容易引起蛋白质变性。应用硫酸铵时，对蛋白氮的测定有干扰，缓冲能力比较差，故有时也应用硫酸钠，如盐析免疫球蛋白，用硫酸钠的效果也不错，硫酸钠的缺点是 30℃以上溶解度太低。其他的中性盐如磷酸钠的盐析作用比硫酸铵好，但也由于溶解度太低，受温度影响大，故应用不广。

硫酸铵浓溶液的 pH 为 4.5～5.5，市售的硫酸铵常含有少量游离硫酸，pH 往往降至 4.5 以下，当用其他 pH 进行盐析时，需用硫酸或氨水调节。

(2)有机溶剂沉淀法。有机溶剂能降低溶液的电解常数，从而增加蛋白质分子上不同电荷的引力，导致溶解度的降低；另外，有机溶剂与水的作用，能破坏蛋白质的水化膜，故蛋白质在一定浓度的有机溶剂中的溶解度差异而分离的方法，称"有机溶剂分段沉淀法"，它常用于蛋白质或酶的提纯。使用的有机溶剂多为乙醇和丙酮。高浓度有机溶剂易引起蛋白质变性失活，操作必须在低温下进行，并在加入有机溶剂时注意搅拌均匀以避免局部浓度过大。由此法析出的沉淀一般比盐析容易过滤或离心沉降，分离后的蛋白质沉淀，应立即用水或缓冲液溶解，以降低有机溶剂浓度。操作时的 pH 大多数控制在待沉淀蛋白质的等电点附近，有机溶剂在中性盐存在时能增加蛋白质的溶解度，减少变性，提高分离的效果，在有机溶剂中添加中性盐的浓度为 0.05 mol/L 左右，中性盐过多不仅耗费有机溶剂，可能导致沉淀不好。沉淀的条件一经确定，就必须严格控制，才能得到可重复的结果。有机溶剂浓度通常以有机溶剂和水容积比或用百分浓度表示。有机溶剂沉淀蛋白质分辨力比盐析法好，溶剂易除去；缺点是易使酶和具有活性的蛋白质变性。故操作时要求条件比盐析严格。对于某些敏感的酶和蛋白质，使用有机溶剂沉淀尤其要小心。

(3)等电点沉淀法。利用蛋白质在等电点时溶解度最低而各种蛋白质又具有不同等电点的特别进行分离的方法，称为等电点沉淀法。但在等电点时，各种蛋白质仍有一定的溶解度而使沉淀不完全，同时许多蛋白质的等电点十分接近，故单独使用此法效果不理想，分辨力也差。大多用于提取后去除杂蛋白，即利用变动提取液的 pH 使某些与待提纯的蛋白质等电点相距较大的杂蛋白从溶液中沉淀出。实际工作中常把等电点沉淀和盐析法、有机溶剂沉淀法联合使用。

(4)吸附法。在蛋白质的提纯方法中，选择性吸附也是应用历史较久迄今仍在广泛采用的方法之一。早期工作常用高岭土（我国的一种土质，其分子式大致是 $Al_2O_3 \cdot 2SiO_2 \cdot 2H_2O$)、氧化铝($Al_2O_3$)及活性炭等吸附剂，由于这些吸附剂吸附力较弱，或者易引起蛋白质变性而应用不广，现已为凝胶性吸附剂所代替，如氢氧化铝凝胶和磷酸钙凝胶，尤其后者使用最广。吸附剂的应用有两种不同方式。当蛋白质较易吸附时，可以选择适当条件主要吸附蛋白质而分离去杂质；当蛋白质较难吸附时，则选择利于吸附杂质的条件将杂质与蛋白质分开。有时两种方法可先后使用，以达到较高的提纯目的。吸附条件通常在微酸性条件(pH 为 5～6)及稀盐溶液中进行，盐浓度过高会干扰对蛋白质及酶的吸附，亦即是说需要用更多量的吸附剂才能达到一定结果。洗脱时一般在弱碱条件下或适当提高洗脱液离子强度，可将吸附的蛋白质或酶完全洗脱下来。

吸附操作可以用静态吸附，也可以用柱层析吸附，即将凝胶装成柱进行吸附操作。凝胶装柱后如溶液的通过能力很差，可用助滤剂(如硅藻土)和凝胶混合，当调整二者的比例时得到一系列通过能力和吸附能力不同的层析柱。也可使用羟基磷灰石[$Ca_{10}(PO_4)_6(OH)_2$]分离蛋白质和酶，它可以在高盐浓度下吸附中性及酸性蛋白质而排除碱性蛋白质。吸附常在 pH 为 6.8 的磷酸缓冲液中进行。洗脱完全时凝胶可反复使用 3～4 次，吸附杂质较多的凝胶以 0.1 mol/L 氢氧化钠或 1 mol/L 盐酸洗净后可再用。

(5)离子交换法。蛋白质和酶都具有电解质性质，故可用离子交换剂进行分离提纯，特别是经过了初步纯化后的蛋白质和酶采用此法效果尤为显著。有关离子交换剂及其使用技术，参阅有关专著，这里介绍近年来以纤维素衍生物作为离子交换剂纯化蛋白质及酶的方法。在这类衍生物中以二乙氨基乙基纤维素(简称 DEAE-纤维素，为阴离子交换剂)及甲基纤维素(简称 CM-纤维素，为阳离子交换剂)应用最广泛。

2. 核酸的分离纯化

从细胞中提取核酸后，仍混杂着蛋白质、多糖和各种大小分子核酸同类物。除去这些“杂质”的过程，也就是核酸提纯过程。在核酸的分离纯化时，为防止核酸大分子的变性降解，必须在 0～4℃的低温条件下操作。核酸酶的水解作用，是过去制备具有活性核酸大分子的严重障碍，现普遍采用加入去污剂或加入 EDTA、8-羟基喹啉、柠檬酸钠以除去核酸酶的激活剂 Mg^{2+}，就可以抑制核酸酶的活性，保证在提纯过程中核酸大分子的完整。关于核酸分离纯化阶段中除去多糖、蛋白质及不同类型核酸之间分离的一些方法，分别介绍如下。

(1)肝糖原、淀粉及黏多糖，由于其物理化学性质与核酸有许多相似之处，常在提取液中残存下来。除去的方法常有：①取材前尽量减少组织中多糖的含量，如先使动物饥饿数天然后杀死，可使细胞内肝糖原大大减少。②加入淀粉酶，将大分子多糖分解为小分子，在以后纯化步骤中逐渐被除去。③在浓磷酸盐存在下，以2-甲氧基乙醇抽提核酸提取液，使多糖溶于下层水相，核酸在上面有机层中。④以钙盐沉淀DNA，再以草酸钾处理，使之形成DNA钾盐回收，然后用离子交换法吸附DNA，使之与多糖分离。

(2)蛋白质的除去。由于核酸在细胞内以核蛋白体形式存在，不论采用哪种方法提取核酸，蛋白质都不同程度地存在于体系中。因此，除去蛋白质是核酸分离纯化不可避免的步骤。常用方法有下列几种：①加入去污剂如硫酸十二酯钠，从提取到分离纯化各阶段均可反复使用此法。去污剂与氯仿法或苯酚法结合使用，效果更加理想。②氯仿-戊醇或辛醇对提取液摇荡抽提，蛋白质在氯仿-水界面形成凝胶，离心后除去，核酸留在水溶液中。此法在分离纯化中也常反复使用。③苯酚水溶液抽提，在对氨基水杨酸等阴离子化合物存在下，DNA或RNA都可以进入水相，蛋白质则沉淀于酚层，然后取水相加入乙醇或2-乙氧基乙醇沉淀RNA或DNA，残余的酚可用葡聚糖凝胶G-10或G-25除去。

(3)不同类型核酸的分离。两种类型核酸的制备过程中，DNA制品中混杂着少量RNA或RNA制品中混杂着少量DNA是经常发生的。由于DNA和RNA结构和性质都很相似，而且分子量都十分大，所以两类核酸的分离是核酸纯化工作中比较复杂和繁琐的一步。从DNA中除去RNA的方法常有：①核糖核酸酶选择地破坏RNA，这是比较有效的方法，但使用的核糖核酸酶中常含有极微量的脱氧核糖核酸酶，必须事先加热处理除去，然后将纯净的核糖核酸酶与样品溶液一起在37℃孵育数分钟，就可达到破坏RNA的目的。②钙盐分步沉淀，在核酸溶液中加入1/10体积10%的氯化钙溶液，使DNA与RNA均成为钙盐后，再利用DNA钙盐在2/10体积乙醇中能形成沉淀析出，RNA钙盐不形成沉淀而彼此分离。③活性炭吸附，将处理好的活性炭按1/20～1/15体积加入每毫升含有0.5～1 mg DNA溶液中，0～4℃下搅拌1 h，转速31 000g离心1 h，除去RNA后的DNA回收率可达94%。

在RNA制品中除去DNA，苯酚水溶液抽提是较有效和常用的方法。在没有阴离子化合物存在下，以等体积90%苯酚水溶液反复抽提RNA，可以除去绝大部分DNA。此外，也可采用加入脱氧核糖核酸酶处理，破坏DNA。

(4)同类核酸的分离。

①RNA混合物的分离。经过提取的初步纯化的RNA制品中含有各类RNA

和某些已降解的 RNA 混杂物。进一步纯化时，多应用柱层析、梯度离心及逆流分溶等方法。例如 tRNA 与 rRNA 的分离用吸附于硅藻土表面的甲基化白蛋白柱吸附后，以不同梯度氯化钠溶液洗脱，或用蔗糖梯度（顶部 5%浓度，底部 20%浓度）离心法分开。mRNA 的代谢速度较快，在细菌中平均寿命为 90 min，在哺乳动物中为几小时至十几小时，常用密度梯度离心法和 DNA-琼脂柱进行分离。制备 rRNA 时，由于共沉作用，常混有 mRNA，一般可用萘-1，5-二磺酸处理，使二者分开。各种 tRNA 的提纯，通常采用逆流分溶法在磷酸缓冲液-甲酰胺-异丙醇系统下进行，分离效果较好。

②DNA 混合物的分离。主要是变性或降解的 DNA 和天然的分离，常用磷酸钙、ECTEOLA-纤维素、DEAE-纤维素和甲基化白蛋白柱层析、逆流分溶、梯度离心等方法。一个具有生物活性高度提纯的 DNA 制品应具有如下标准：不含有蛋白质及多糖；不含有可透析的小分子杂物；在 pH 为 7 时紫外吸收最大值为 257～261 μm，E(P)在 6 600 左右；不含有 RNA；固体为纤维状，水溶液具有高的黏度并有流动双折射作用；具有电泳均一性及超离心中单分散性；具有生物活性。

五、抗原的浓缩

浓缩是低浓度溶液通过除去溶剂（包括水）变为高浓度溶液的过程，在制备生物大分子及各种生化产品时，常在提取后和结晶前进行浓缩，有时也贯穿在整个制备过程中。沉淀（包括盐析和有机溶剂沉淀），广义上来说也是一种浓缩方法，经过沉淀再溶解，浓度可大大提高，但有时提取液很稀，体积又很大或结晶前除去少量溶剂，则常用其他方法浓缩。

（一）蒸发法

液体在任何温度下都在蒸发，蒸发是溶液表面的溶剂分子获得动能脱离液面逸向空间的过程。当溶液受热，液体中溶剂分子动能增加，蒸发过程加快。蒸发的快慢和温度、蒸发面积、液体表面积、液面蒸气分子密度，即蒸气压大小有关。各种液体在一定温度下都具有一定饱和蒸气压，当液面上的溶剂蒸气分子密度很小，经常处于不饱和的低压状态，液相与气相的溶剂分子为了维持其分子密度的动态平衡状态，溶液中的溶剂分子就必须不断地气化逸出空间，以维持其一定的饱和蒸气压力。因此，根据上述原理，蒸气浓缩装置常按照加热、扩大液体表面积、低压和加速空气流动等因素而设计的。

（二）冰冻法

冰冻法也是生物大分子及其他有机化合物浓缩的一种有效方法。生物大分子在冰冻时，水分结成冰，盐类及生物大分子不进入冰内而留在液相中。操作时先将待浓缩的溶液冷却使之变成固体，然后缓慢地融解，利用溶剂与溶质溶解点的差别而达到除去大部分溶剂的目的。如蛋白质和酶的盐溶液，用此法浓缩时，不含蛋白质和酶的纯冰结晶浮于液面，蛋白质和酶则集中于下层溶液中，移去上层冰块，可得到蛋白质和酶的浓缩液。

（三）吸收法

它是一种通过吸收剂直接吸收溶液中的溶剂分子使溶液浓缩的方法。使用的吸收剂必须与溶液不起化学反应，对生物大分子不起吸附作用，易与溶液分开，吸收剂除去溶剂后能重复使用。实验室中最常用的吸收剂有聚乙二醇、聚乙烯吡咯酮、蔗糖和凝胶等。使用凝胶时，首先选择凝胶粒度大小恰好，溶剂及低分子物质能渗入凝胶内，而生物大分子却完全排除于凝胶之外的，然后将洗净和干燥的凝胶直接投入待浓缩的稀溶液中，凝胶亲水性强，在水中溶胀时，溶剂及小分子被吸收到凝胶内，生物大分子驻留在剩余的溶液中，离心或过滤除去凝胶颗粒，即得到已浓缩的生物大分子溶液。凝胶溶胀时吸收水分及小分子物质可同时起到浓缩及分离纯化两种作用，对生物大分子结构和生物活性都没有影响。它是近年来生物化学及分子生物学日益广泛使用的浓缩和分离方法之一。

使用聚乙二醇等其他吸收剂时，需先将生物大分子溶液装入半透膜的袋里，扎紧袋口，外加聚乙二醇覆盖，袋内溶剂渗出即被聚乙二醇迅速吸去，聚乙二醇被溶剂饱和后，可更换新的，直到浓缩至所需的浓度为止。用完一次以后的聚乙二醇经过加热除去溶剂便可再次使用。

（四）超滤法

超滤法是使用一种特制的薄膜对溶液中各种溶质分子进行选择性过滤的方法。当溶液在一定压力下（外源氮气压或真空泵压）通过膜时，溶液和小分子透过，大分子受阻保留于原来溶液中。这一近年发展起来的新方法是适于生物大分子尤其是蛋白质和酶的浓缩或脱盐，并具有成本低、操作方便、条件温和、能较好地保持生物大分子生理活性、回收率高等优点。除去浓缩、脱盐外，并可应用生物大分子的分离纯化，是目前发展较快且为人们所采用的生化技术之一。

通过超滤法，蛋白质和酶的稀溶液一般可浓缩到 10%～15%浓度，回收率高达 90%。超滤法应用关键在于膜选择。不同类型、规格的膜、水的流速[在规定压力下以 mL/(cm^2·h)或分表示]、分子量截止值（即大体上能被膜保留分子最小分子量数值）等参数均不同，必须根据工作的需要来选用。此外，超滤装置形式、溶质成分及性质、溶液浓度及黏度都对超滤的效果有一定影响。

制品浓缩到一定程度，即可贮存，如有必要可采用低温干燥（干冰）的方法除去制品中溶剂，使之成干粉。

制品的贮存可分干态贮存和液状贮存。但不论是何种方法贮存，都要避免长期暴露在空气中，防止微生物的污染。温度对生物活性物质的活性影响很大，在绝大多数情况下应采取低温保存。

干态储藏：干燥的制品一般比较稳定，如制品含水量很低，在低温情况下，生物大分子活性可在数个月甚至数年没有显著变化。储藏方法也很简单，只将干燥后的样品置于干燥器内（内装有干燥剂）密封，保持 0～4℃冰箱中即可。有时为了取样方便和避免取样时样品吸水和污染，可先将样品分装成许多小瓶中，每次用时，只取一小瓶。

液态储藏：液态储藏的优点是使样品减去干燥这一步骤，生物大分子的生理活性和结构破坏较少，缺点是需要较严格的防腐措施，储藏时间不能太长。如样品量大时封装运输不方便，实验室常采取少量安瓿封存方法。

液态储藏注意事项如下：样品不能太稀，必须浓缩至一定浓度后才能封装储藏，样品太稀时容易引起生物大分子变性作用。

一般需加入防腐剂和稳定剂，常用防腐剂有甲苯、苯甲酸、氯仿等。蛋白质和酶常用的稳定剂有蔗糖、甘油等，如酶也加入底物和辅酶以提高其稳定性，此外钙、锌、硼酸等盐溶液对某些酶也具有一定保护作用。核酸大分子一般保存在氯化钠或柠檬酸与氯化钠的标准缓冲液中。

储藏温度要求较低，大多数在 0℃左右冰箱保存即可，有的则要求更低温度。但注意某些具有活性的大分子如 DNA 溶液低温保存时，使溶液结冰以造成其分子结构被破坏，另也有文献报道，某些蛋白质和酶在低温中反而引起变性。故应分别情况对待，不能一概而论。

生物大分子和各种生化制品的储藏和保存，总的来说，温度和水分是影响稳定性的两个重要因素，其次是各种稳定剂的应用是否适当关系也很大。实际应用时，必须对各方面都加以考虑。所提取、纯化的抗原物质，在使用前应进行定量测定。定量测定的方法，可根据不同的物质，选择合适的方法进行。

第二节　免疫原的制备

用为免疫动物产生抗体的抗原物质如果是人工合成的，质地比较纯，免疫动物后可获得质量好的抗血清。如果以从组织中提取的物质作为抗原，必须经过纯化，保证提取物的纯净，才能获得质量好的抗血清。某些物质的分子量比较小，抗原性弱，属于半抗原，不易使动物产生抗体，必须把这些半抗原连接到大分子物质（载体）上，形成较为理想的免疫原，既能减少免疫注射的次数，又可节约抗原，产生良好的免疫效应，获得高质量的抗体。

一、载体

可作为载体的物质较多，下列几类可供选择。

蛋白质类载体：人血清白蛋白（HSA）、牛血清白蛋白（BSA）、兔血清白蛋白（RSA）、牛甲状腺球蛋白（TG）、血蓝蛋白（Hemocyanin）以及人、牛和鸡 γ-球蛋白等均可作为载体。这些载体免疫活性较强，有商品供应，容易获得，即使自选提取，操作也较方便。常用的有 TG、BSA、HAS 等，以 TG 为好。

多肽聚合物，人工合成的多聚赖氨酸、多聚谷氨酸、多聚混合氨基酸等，可与半抗原结合，所形成的免疫原可获高滴度、高亲和度的抗血清。

大分子有机化合物和某些粉末，如聚乙烯吡咯酮、羧甲基纤维素、聚甲基丙酸酯微粒、乳胶和炭末等，可吸附半抗原，也可用来作为载体，但用这类载体合成的免疫原免疫动物，所获抗血清的质量不稳定。

载体，尤其是大分子物质本身就是一种抗原，它们进行体内，可发挥致敏作用，激活免疫系统，从而使半抗原也可以使机体产生优质的抗体。因此，如果把半抗原与无免疫原性的载体结合，就不能使机体产生抗体。另外，半抗原与载体结合后，可适当延迟其降解和排出体外时间，从而可以发挥更久的作用。

二、偶联剂

半抗原和载体连接，操作比较简单，在一般实验室中都可进行。但对反应条件有一定的要求：在反应过程中半抗原的免疫活性不发生改变，也不引起载体变性到不溶解的程度。常用的方法是利用偶联剂把半抗原和载体连接起来。用作偶联剂的有碳化二亚胺类、戊二醛、二异氰酸化合物和二卤化二硝基苯等。这些偶联剂使半抗原与载体在—COOH、—NH_2或—SH 等基团部位发生结合。

戊二醛所起的偶合作用与碳化二亚胺有所不同，戊二醛的两个醛基分别与载体和半抗原的—NH_2结合。它起一种“桥梁”作用，而把载体与半抗原连接在一起。

在免疫原的制备中，应根据不同的半抗原选用偶联剂。

三、制备过程

以制备催产素（OT）免疫原为例：

(1)1 mg OT,溶解于 1 mL 双蒸馏水或 0.25%醋酸溶液中。10 mg TG 溶解于 1 mL 0.1 mol/L PBS(pH 为 7.5)或蒸馏水内。

(2)把 OT 溶液与 TG 溶液振荡混匀。

(3)边搅拌边滴加入 0.25%戊二醛 1 mL。加毕后再搅拌 5～10 min,在室温下继续反应 2～3 h,就可供免疫动物用。

免疫原以新制备的为好,如果一次制备了较多的免疫原,也可保存在－40℃的低温冰箱内备用。

实验三　抗体的制备技术

第一节　抗血清的制备

【实验目的】

1. 了解抗血清制备的基本过程。

2. 掌握抗血清的收集和保存方法。

【实验原理】

抗血清为含有某一类具有特异免疫功能的抗体分子的血清，一般为动物被人工注射某类抗原后制备的动物血清。一种抗原能否引起抗体生成反应，一方面取决于抗原分子表面有无抗原决定簇(antigenic determinant)，另一方面取决于机体的免疫状态，当具备以上两个条件后，抗体生成将遵循抗体生成的一般规律——初次反应和再次反应。

抗原的种类繁多，包括天然的蛋白质抗原和细胞性抗原、合成性抗原以及基因工程抗原等，不同的抗原免疫动物具有不同的特殊性。一般完全抗原免疫动物需加用佐剂，尤其在使用可溶性抗原时，以期得到高效价的抗血清；合成性抗原和基因工程抗原等半抗原物质需先通过人工的方法与蛋白质载体连接后再与佐剂混合免疫动物，方可获得理想的免疫效果。使用佐剂后可增加抗原的免疫原性和延长抗原在机体内存留的时间，从而改变抗原原有的免疫原性。

【实验材料】

①金属编号牌(对动物作标记)或染料。

②1 mL、5 mL、20 mL 注射器。

③采血针头(9＃，12＃)，卡介苗针头(41/2＃～51/2＃)。

④灭菌平皿、疫苗瓶、青霉素瓶、皮塞以及吸管、脱脂棉。

⑤卡介苗(75 mg/mL)。

⑥抗原(小鼠血清)。

⑦青霉素溶液，链霉素溶液和5％葡萄糖溶液。

⑧液体石蜡(医用),羊毛蜡(配制佐剂用)。

⑨灭菌生理盐水,消毒用酒精,2.5%碘酒。

⑩1.5%琼脂、玻板、饭盒(保温、保湿作用)。

⑪实验动物(家兔)。

【操作方法】

1.动物的选择

羊、马、鸡、猴、豚鼠、兔都是常用的免疫动物,在实验中,选择动物时应考虑抗原与动物的种属关系、抗原性质与动物种类、免疫血清的需要量、免疫血清的要求以及动物个体等因素。免疫用动物应选适龄、健壮,最好为雄性。最常用的实验动物是家兔,一般选择年龄在 6 个月以上当年繁殖的雄性,体重 2～3 kg,健康家兔 3 只,免疫前用金属编号牌固定兔耳,或用染料涂抹在动物的背部,做出明确的标记。

2.抗原制备

(1)抗原稀释。用灭菌生理盐水将抗原稀释为 2 mg/mL,于免疫前 1 d 加入青霉素溶液,使每毫升抗原溶液含青霉素 1 000 IU,链霉素 1 000 IU,放 4℃过夜(一般可不加青、链霉素)次日取出,与佐剂混合制成乳剂后用于动物免疫。免疫原的注射剂量应考虑其抗原性的强弱、分子量大小、动物的个体状态和免疫时间。对于纯的可溶性抗原的免疫剂量,通常小鼠首次抗原剂量为 50～100 μg/次,大鼠为 100～200 μg/次,兔每次为 100 μg 至 1 mg,合成免疫原为 2 mg(半抗原为 20～200 μg),一般需要与等量的福氏完全佐剂混合。加强免疫的剂量为首次计量的 1/2,通常用不完全福氏佐剂或不用佐剂。如需制备高度特异性的抗血清,可选用低剂量抗原短程免疫法;反之,欲获得高效价的抗血清,宜采用大剂量抗原长程免疫法。

(2)佐剂和抗原乳剂的配制。佐剂的配制:福氏完全佐剂(Freund's complete adjuvant),各实验室的配方不尽相同,我室采用的配方如下。

医用液体石蜡	20 mL
羊毛脂	12 g

水浴溶化、混匀,分装于青霉素小瓶,用纱布、线绳扎紧瓶塞。8 磅 20 min 灭菌,4℃保存备用。于免疫前准备抗原乳剂制备时,以活卡介苗(有时亦用死卡介苗)代替死结核菌,每毫升试剂中加入 10 mg 活卡,即为福氏完全佐剂。

抗原乳剂的制备:其方法一般有两种,其一,将等量的完全佐剂(注意佐剂必须预先加热融化,但不超过 50℃)和抗原溶液分别吸入两个 5 mL 注射器内,在两个注射器的12＃针头间套上一根长8～12 cm的医用无毒塑料管，将两个注射器连接在一起(塑料管必须先经酒精浸泡消毒，使用时取出，用灭菌生理盐水冲洗后，与注射器针头相连接，塑料管与针头的口径须合适，不能松，稍紧些为宜)，针头插进塑料管1～2 cm然后由两人相对而坐后缓缓推动针芯，使管内溶液进入塑料管道至对侧注射器内，每次推动针芯时必须把管内容物全部推出，另一侧也同样操作，使管内液体往返混合，直至形成油包水乳剂(water-in-oil enulsion)为止。其二是，将等量的佐剂和抗原溶液倒入钵内，经过反复碾磨，也可形成油包水乳剂，该法主要优点是快速、可靠，不足方面主要是由于黏附过多，浪费佐剂及抗原。制成的乳剂是否形成油包水乳剂直接影响免疫效果，因此，必须进行质量检查，检查的方法是将制成的乳剂滴一滴在凉水(自来水)表面，质量合格的乳剂滴入水面保持滴珠完整而不分散，不合格者进入水面后立即扩散，水面油亦逐渐扩大，这就必须要继续操作至质量合格为止。但有时，由于佐剂的配制质量原因，很难乳化至合格，遇有这种情况，须考虑重新配制佐剂。

3. 免疫途径，剂量和免疫周期

抗原注射途径可根据不同抗原及试验要求，选用皮内、皮下、肌肉、静脉或淋巴结内等不同途径注入抗原进行免疫。一般常采用背部、足掌、淋巴结周围、耳后等处皮内或皮下多点注射。初次免疫与第二次免疫的间隔时间多为2～4周。常规免疫方案为抗原加CFA皮下多点注射进行基础免疫；再以免疫原加IFA作2～5次加强免疫，每次间隔2～3周，皮下或腹腔注射加强免疫。

(1)常规(皮内多点注射)免疫。

第一次免疫：剂量为每只兔子注射1.0 mL抗原乳剂(含抗原量1～2 mg)。注射部位为两只后脚掌的皮内各注射0.2 mL，其余0.6 mL分多点注入脊柱二侧，颈部，腹股沟和腋窝等处淋巴结附近部位皮内，每点可注入0.05 mL，分12点注入。

第二次免疫：初次免疫后20 d左右，剂量为1.0 mL/只(1～2 mg/mL)，加弗氏不完全佐剂。注射部位在腹部皮下多点注射，每点注入0.1 mL。

第三次免疫：再次免疫后2周内进行，注射剂量和部位同第二次免疫，免疫后7～14 d抽取少许静脉血，分离血清，试血测定效价。

(2)淋巴结免疫。主要优点是可减少抗原用量。过程如下。

卡介苗致敏：免疫前足掌皮下每侧各注入活卡介苗(75 mg/mL)0.3 mL。10 d左右观察两侧腘窝淋巴结，一般可肿胀如蚕豆大小，此时即可进行淋巴结内免疫注射。

第一次免疫：用手指定淋巴结后在两侧腘窝淋巴结内各注入抗原乳剂0.25 mL，每只兔总量0.5 mL；为加强免疫，于初次免疫20 d后，于腹部皮下多点注射1 mg/mL不含佐剂抗原溶液1 mL。2周后可如同第一次免疫的剂量和途径再注射一次，一般可在第三次免疫注射前试血滴定效价，效价如已达到要求可不必进行第三次免疫。

有条件的情况下，免疫后要加强动物饲养管理，如给熟黄豆饲料等。

(3)腹腔免疫。一般不必加佐剂，适用于细胞性或颗粒性抗原，而且抗原性较强者，例如用绵羊红细胞免疫家兔或小鼠即可用此法。

4. 试血，测定抗体效价

一般在第三次免疫后 7～10 d 即可于兔耳静脉或小鼠尾尖取少量血，分离出血清之后进行试血。

(1)环状试验，较为经典的方法，目前较少采用，如与 20 μg/mL 以下的抗原于 30 min 内能出现“++”的沉淀环，即测定抗体效价达 1∶5 000 以上时为合格。

(2)免疫双扩散法，这是最常用的试血方法，其具体方法是，中间孔加稀释的抗原(1 mg/mL)10 μL，周围孔顺时针方向加制备的抗血清分别为 1∶2，1∶4，1∶8，1∶16，1∶32 和 1∶64(用生理盐水或 PBS 稀释)。经 37℃保温 24 h 后观察结果，效价在 1∶16 以上即可决定放血。

5. 放血

经效价检查合格后即可放血。放血前动物应停食 12 h，以减少血清中的脂肪含量。如拟保留该免疫动物，可直接由心脏取血，或切开耳缘静脉滴血或心脏穿刺取血。取血后由静脉缓缓注入等量 5%葡萄糖溶液以补足失血量。取血的动物经 2～3 个月休息，可再次加强免疫后取血。如拟一次放血致死，可用颈动脉放血的方法，各种取血方法如下。

(1)心脏取血。固定动物于仰卧位置，用食指探明心脏搏动量高部位(在胸骨左侧，由下向上数第 3 与第 4 肋骨之间，指兔)，剪去少许毛，用 2.5% 碘酒和 75%酒精消毒后，以 9#针头在预定位置与胸部呈 45°角刺入心脏，微微上下移动针头，待见血液进入针筒后，即将注射器位置固定取血。2.5 kg 体重的家兔一次可取血 20～30 mL。

(2)耳缘静脉滴血。先将耳缘静脉附近的毛剪去用无菌棉球将皮肤擦干净(不用酒精消毒，避免溶血)。用台灯照射耳部使血管因温度增高而扩张，然后用无菌刀片将耳缘静脉切一长 0.5 cm 的纵切口，第一次切口应从耳尖部开始，以后再切时，逐步向耳根方向移动。用无菌试管或平皿收集流出的血液。如切口凝血，血流不畅时，可用无菌棉棒轻轻将切口外血凝块擦去(注意勿使切口损伤太大)，血流仍可继续流出，直至达到所需要的血量为止。取血后用无菌棉球压迫切口止血。耳缘静脉取血一次可取血 50 mL 左右而动物不死。

(3)颈动脉放血。使动物仰卧固定四肢，颈部剪毛、消毒后纵向切开前颈部皮肤长约 10 cm，用止血钳将皮肤分开夹住，剥离皮下组织，露出肌层，用刀柄加以分离，即见搏动的颈动脉。小心将颈动脉和迷走神经剥离长约 5 cm，选择血管中段，用止血钳夹住血管壁周围的筋膜。远心端用丝线结扎，近心端用动脉钳夹住，用酒精棉花球消毒血管周围，用无菌剪刀剪一 V 形缺口。取长 2.5 cm、直径为 1.6 mm 塑料管一段，将一端剪成针头样斜面，并将此端插入颈动脉中，另一端放入 200 mL 无菌三角瓶内，然后放开止血钳，血即流入三角瓶内，动物流血至死，2.5 kg 家兔可放血 80～100 mL。

6. 分离血清

必须在无菌条件下进行，待收集于平皿或三角瓶内的血液凝固之后，用无菌滴管在无菌环境（例如超净工作台）中把血块与瓶壁剥离后，放入 37℃，1～2 h 取出后放入 4℃过夜，使血清充分析出（不能冰冻，否则产生溶血），经离心沉淀分出血清，放进低温冰箱保存。使用前必须经过鉴定合格后再分装保存备用。

7. 抗血清的保存

(1) 经鉴定合格后的抗血清，以 1：100 比例加入 1%的硫柳汞或 5%的叠氮钠，使其最后浓度分别为 0.01%或 0.05%。

(2) 用无菌滴管将抗血清分装小管，每管装 1 mL 左右。

(3) －20℃以下保存，可保存 2 年以上。

(4) 如有条件可将血清冷冻干燥保存于 4℃以下，保存时间更久。

【注意事项】

(1) 动物的免疫反应存在着个体差异，甚至有人报告，不同品种动物一次免疫后产生的抗体的差别可高达 500 倍，所以制备抗血清时不能只免疫一只动物，一般最好免疫 3～4 只，因为有的动物可能产生抗体效价很低或不产生抗体，免疫反应好的动物所能提供的抗体往往高于一般动物 3～4 倍。

(2) 为制备单价特异性高的抗血清，所用抗原纯度越高越好，因此，在纯化抗原过程中应尽量除去可能存在的杂蛋白，这样可以省去许多时间来吸收抗血清中的非特异性抗体。

(3) 要制备高效价的抗体，必须要加佐剂（一般采用完全福氏佐剂），加佐剂后免疫动物，抗体效价至少可增加 5 倍。但也应考虑到，如果抗原中有微量的杂蛋白存在，即使 0.005 mg，亦可因有佐剂而产生非特异性的抗体，所以要根据实验需要和抗原的纯度适当地使用佐剂。

(4) 制成的抗原乳剂是否为油包水乳剂应进行检查，否则会影响免疫效果，如不是油包水乳剂，应重新制备。

（5）当抗原量过少不易提纯时，可采用抗原抗体在琼脂扩散中形成的沉淀线直接免疫动物制备抗体。

（6）抗血清效价一般以抗血清稀释倍数表示。血清效价的检测方法很多，灵敏度各不同，因此在表示抗血清效价时，应标明检测方法。另外，在沉淀反应中，出现沉淀时的抗原、抗体比例有一较大的范围，如用不同浓度的抗原测定效价时，结果会因此有差别，所以在测定抗血清效价时，需注意抗原的浓度。

（7）分装保存的抗血清应注明抗血清的名称，效价，制备日期以及包装量。

第二节　单克隆抗体的制备

【实验目的】

了解单克隆抗体的特点和优缺点，学会在实验室制备单克隆抗体。

【实验原理】

要制备单克隆抗体需先获得能合成专一性抗体的单克隆B淋巴细胞，但这种B淋巴细胞不能在体外生长。而实验发现骨髓瘤细胞可在体外生长繁殖，应用细胞杂交技术使骨髓瘤细胞与免疫的淋巴细胞二者合二为一，得到杂种的骨髓瘤细胞。这种杂种细胞继承两种亲代细胞的特性，它既具有B淋巴细胞合成专一抗体的特性，也有骨髓瘤细胞能在体外培养增殖永存的特性，用这种来源于单个融合细胞培养增殖的细胞群，可制备一种抗原决定簇的特异单克隆抗体（图3-1）。

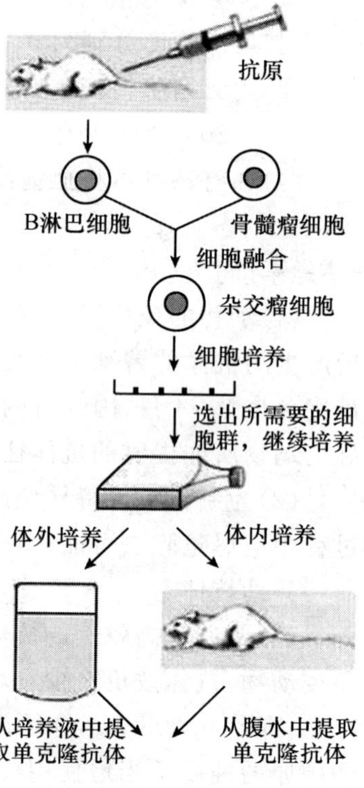

图3-1　单克隆抗体制备

【操作方法】

一、小鼠免疫

小鼠免疫是单克隆抗体制备的关键环节，质控小鼠免疫是制备优质单克隆抗体的唯一保证。好的免疫效果：血清效价达1万以上，脾脏粘连且大小是正常鼠的2倍以上。

小鼠的选择：选择与所用骨髓瘤细胞同源的Balb/c健康雌性小鼠，鼠龄在8～12周。为避免小鼠反应不佳或免疫过程中死亡，可同时免疫3～4只小鼠。

免疫原：免疫原的纯度一般并不重要。但有时免疫原纯度也会造成很大影响，若杂质存在使免疫反应减弱，或筛选方法不能区分对特异性成分反应的抗体及对杂质反应的抗体，以及有些抗原的免疫原性十分强，即便痕迹量的存在，也会影响对所识别抗原的免疫反应。上述诸情况下使用纯化抗原会更有利。常用的免疫方案如下。

（一）可溶性抗原

初次免疫：50～100 μg蛋白抗原加等体积弗氏完全佐剂乳化到滴水不化，即可做小鼠背部皮下多点注射，注射体积500 μL/只小鼠，4周后进行第二次免疫。

第二次免疫：50～100 μg（25～50 μg，为初免剂量一半）蛋白抗原（与初免等量），加等体积弗氏不完全佐剂乳化到滴水不化，即可做小鼠背部皮下多点注射，注射体积500 μL/只小鼠，2周后采小鼠尾静脉血离心取血清测效价（用ELISA方法检测）。效价达1万以上的小鼠融合前3 d取抗原25 μg（50～100 μg，与初免剂量相同）加强免疫，尾静脉注射，注射体积200～300 μL/只，效价在1万以下的小鼠继续第三次免疫。

第三次免疫：50 μg蛋白抗原加等体积弗氏不完全佐剂乳化到滴水不化，即可做小鼠腹腔注射，注射体积500 μL/只，小鼠融合前3 d取抗原25 μg加强免疫，注射体积200 μL/只。

（二）颗粒性（细胞）抗原

可用（5×10^6）～（2×10^7）细胞与完全佐剂混合，做皮下或腹腔注射，2～3周后重复一次，但佐剂改为不完全佐剂，再待2～3周后用同样剂量细胞或半量细胞静脉注射，3～4 d后取脾融合。为挑选免疫反应较好的动物进行融合，第二次免疫后10 d左右应从尾部取血，检查抗体滴度。另外，还有脾内注射法和体外培养法。

二、饲养细胞的制备

体外培养细胞时，一般单个或极少数分散状态细胞是不能存活的（或生长不良）必须加入一定量的其他细胞达一定的密度才能生长得好，加入的细胞称为饲养细胞。用细胞融合术建立杂交瘤细胞时，饲养细胞的加入是不可缺少的，常用的有正常小鼠腹腔巨噬细胞、脾细胞、胸腺细胞，也有人用经过照射或丝裂霉素处理的纤维母细胞，如$3T_3$或Putler等。

（一）实验材料

(1)RPMI-1640 完全培养液。具体配法见操作方法——细胞融合(二)③。

(2)HT 培养液或 HAT 培养液。具体配法见操作方法——细胞融合(二)④和⑤。

(3)实验动物。Balb/c 或昆明种健康小鼠(雌雄均可)1 只，6～10 周龄，体重 18～22 g，本院动物中心繁殖和饲养。每只小鼠可取得(3～5)×10^6 的滋养细胞，可供铺 6 块板用，应在融合或克隆前 1～2 d 制备。

(4)离心机一台，血细胞计数板，无菌塑料离心管，96 孔细胞培养板。小鼠解剖台板或平皿；无菌眼科剪刀、镊子各数把；大镊子一个；止血钳两个。一次性 5 mL 注射器 2 套。

（二）操作方法

(1)将 Balb/c 小鼠拉颈脱臼处死，浸泡于 75%酒精 5 min，随即放入超净工作台内，腹部朝上放于平皿内或固定于解剖板上。

(2)用眼科镊子夹起小鼠腹部皮肤，用剪刀剪一小口，注意切勿剪破腹膜，以免腹腔液外流。然后用剪刀向上下两侧做钝性分离，充分暴露腹膜。用酒精棉球擦拭腹膜消毒。

(3)用注射器吸取 5 mL RPMI-1640 基础培养液，注入小鼠腹腔，注射器停留不动，晃动小鼠或反复抽吸几次。用原注射器抽回腹腔内液体，注入离心管。如此反复操作 3～4 次。

(4)1 000 r/min 离心 10 min，弃上清液。

(5)用 20～50 mL 完全培养液重悬细胞，100 μL/孔滴加到培养板，置培养箱备用。

(6)观察饲养细胞的生长状态，一般生长良好的饲养细胞和巨噬细胞呈梭形或多角形、细胞透亮、折光性强。

三、细胞融合

细胞融合是人工定向制造新细胞品系的重要手段，也是制造单克隆细胞系的关键技术。在保证有良好的亲本细胞、稳定和良好的培养体系的条件下，细胞融合的成败和融合率则取决于融合剂和操作技巧。细胞融合的助融剂和助融手段主要有三种；生物学方法：用仙台病毒或鸡新城疫病毒作助融剂。物理学方法：用电融合仪发出的脉冲电流使相邻的两细胞穿孔而融合。化学方法：用聚乙二醇或血卵磷脂作助融剂。

PEG 作助融剂是比较方便简单的操作方法，具体方法如下。

(一)实验材料

(1)眼科镊子、剪刀数把、固定板。

(2)37℃温水。

(3)酒精灯、离心管架、离心管、离心机、5～10 mL 吸管、1 mL 吸管、滴管、计数池、平皿数个。

(二)实验试剂

①融合剂：50% PEG W=3 000。

PEG 3000	1 g
RPMI 1640	1 mL

8～10 磅灭菌

②基础培养液(RPMI 1640)。

RPMI 1640	1 包 (10.4 g)
L-G(*L*-谷氨酰胺)	0.3 g
HEPES	3.0 g
碳酸氢钠	3.0 g
庆大霉素	1 支
三蒸水加至	1 000 mL

③1640 完全培养液。

基础培养液	180 mL
胎牛血清	20 mL

④HT 培养液(终浓度 H 为 1×10^{-4} mol/L，T 为 1.6×10^{-5} mol/L)。

基础培养液	197.5 mL
HT 浓缩液(100×)	2.5 mL
胎牛血清	50 mL
一次融合约配	250 mL

⑤HAT 培养液(终浓度 A 为 4×10^{-7} mol/L)。

基础培养液	197.5 mL
HAT 浓缩液(100×)	2.5 mL
胎牛血清	50 mL

⑥细胞冻存液。

1640 完全培养液	70 mL
DMSO	10 mL
胎牛血清	20 mL

⑦3%醋酸溶液。

30%乙酸	10 mL
dH_2O	90 mL

(三)操作方法

(1)脾细胞制备。取加强免疫小鼠一只,眼眶采血后脱臼处死,在75%酒精中消毒后取脾脏,去除结缔组织,制备脾细胞悬液,转移到50 mL离心管中,加RPMI 1640至30 mL,1 500～2 000 r/min离心5 min,弃上清液,加RPMI 1640至30 mL,白细胞稀释液稀释20倍,计数,取1×10^8个细胞待用。

(2)骨髓瘤细胞制备。取3瓶生长状态良好的(活细胞数>95%)骨髓瘤细胞,将之完全吹下,转移到50 mL离心管中,加RPMI 1640至30 mL,1 500～2 000 r/min离心5 min,弃上清液,加RPMI 1640至30 mL,RPMI 1640稀释10倍,计数,取2×10^7个细胞待用。

(3)细胞混合。脾细胞∶骨髓瘤＝5∶1,混合,1 500～2 000 r/min离心5 min。

注意:由于细胞融合是个随机过程,母细胞比例不一,会影响融合产物;或是两种母细胞融合而成的杂交细胞,或是一种细胞自身融合产物。多数实验者采用骨髓瘤细胞∶脾细胞＝1∶5,也有人采取其他比例,如骨髓瘤细胞∶脾细胞＝1∶5,甚至是1∶1。减少脾细胞用量目的是降低脾细胞自身融合的概率。

(4)细胞融合。将离心上清液倒干,把沉淀细胞块弹成糊状,置37℃水浴,在1 min内加入1 mL融合剂,并搅拌细胞,37℃水浴放置45 s,在1 min内加入1 mL 1640并搅拌细胞,终止融合剂的融合作用,500 r/min离心7 min,弃上清液。2 min内加入5 mL 1640并搅拌细胞2 min内加入10 mL 1640。

(5)细胞培养。轻轻将细胞弹匀,缓缓加入HAT培养液至所需体积,将细胞重悬,轻轻地将之混匀,加到预先准备好的饲养细胞板中。10 mL吸管滴加1滴(配8 mL/板),排枪滴加80～100 μL(配10 mL/板),37℃,CO_2培养箱培养观察。

(6)细胞培养、换液。细胞融合后第一天开始,对细胞进行仔细观察,记录好细胞的生长状态、每孔杂交细胞瘤个数、块数、培养液有无污染、饲养细胞的状况。培养 3～5 d HAT 培养液换液一次，10 d 换 HT 培养液培养至 20 d，换 1640 完全培养液。

（四）HAT 选择培养液的作用

在细胞融合时，可以出现：脾细胞与骨髓瘤细胞的融合，脾细胞之间的融合，骨髓瘤之间融合，此外还有大量的未融合细胞。如何除去大量未融合及自身融合的细胞呢？下面简介 HAT 液作用。

谷氨酰胺（*L*-glutamine），尿核苷单磷酸都是正常细胞及肿瘤细胞用来合成 DNA 的重要成分（主要途径），但是这条途径可以被氨基蝶呤（aminopterin）切断。另外还有一条应急途径即细胞内的 HGPRT（次黄嘌呤-鸟嘌呤-磷酸核糖转化酶）利用（H）和 TK（胸腺嘧啶激酶）利用（T）合成 DNA。

骨髓瘤细胞株是经过 8-偶氮鸟嘌呤筛选出来的，不含 HGPRT，因此不能借用应急途径合成 DNA，只能靠主要途径合成 DNA。骨髓瘤细胞在 HAT 液中，因缺少 HGPRT 和 TK，不能利用 H · T 合成 DNA，主要途径又被氨基蝶呤阻断，因此细胞死亡。免疫鼠脾细胞，虽含有 HGPRT 但不适应体外培养，一般 10 d 左右自然灭亡。杂交细胞，在融合时脾细胞的 HGPRT 被带入，通过应急途径利用 H · T 合成 DNA，并继承骨髓瘤细胞体外繁殖的特性，所以能存活。

一般融合后常用含 20%胎牛血清培养液，通过筛选亚克隆选出有关杂交细胞后，则可换成含 10%胎牛血清培养液。对已确定的杂交瘤株，则可换成含 5%胎牛血清的培养液培养。

四、筛选分泌抗体的杂交瘤细胞

融合后当杂交细胞集落生长到一定大小，培养液开始变黄，便可开始筛选单克隆抗体。许多方法都可以用来筛选，但应注意到筛选单克隆抗体时的一些特点；首先，培养上清中的抗体含量低于高效抗血清的抗体含量。其次，与普通抗血清不同，单克隆抗体不能多价地识别抗原。所以用来筛选单克隆抗体的方法应照顾到单克隆抗体的特点，而且要准确、迅速和方便。此外应根据所需要抗体的特点，选择不同类型的方法。

一般常用的有：免疫荧光、放射免疫（RIA）、组织化学法和酶联免疫分析（ELISA）法等。最经常用方法是 ELISA 法。

在收集上清时，应在上次换液后 3～4 d 进行，以便抗体积累。

上清可不经稀释或 1 ∶（5～10）稀释后再测抗体活性，用稀释抗体进行筛选时可以筛掉弱阳性的抗体，也可以去掉因高本底所造成的假阳性。

融合后第一次筛选出的阳性克隆可能因阴性克隆或其他阳性克隆的过度生长而丢失，故应尽早亚克隆。第一次筛选后也可能没筛选到阳性抗体，这可能由于分泌阳性抗体的细胞为数尚少，应重复测定活性 2～3 次。

现将 ELISA 法检测杂交瘤细胞抗体的方法介绍如下。

（一）实验试剂

①磷酸盐缓冲液（PBS）（10×浓缩）。

氯化钠（NaCl）	50 g
氯化钾（KCl）	1.25 g
磷酸二氢钾（KH_2PO_4）	1.25 g
磷酸氢二钠（$Na_2HPO_4 \cdot 12H_2O$）	18.1 g
蒸馏水加至	1 000 mL

用 1 mol/L HCl 调 pH 至 7.2

②封闭液。

正常牛血清	10 mL
1×PBS（不含吐温）	90 mL

③洗涤缓冲液。

吐温-20（tween-20）	0.2 mL
1×PBS	1 000 mL

④底物显色 A 液。

醋酸钠（CH_3COONa）	13.6 g
柠檬酸（$C_6H_8O_7 \cdot H_2O$）	1.6 g
双氧水（H_2O_2 30%）	0.3 mL
蒸馏水加至	500 mL

⑤底物显色 B 液。

乙二胺四乙酸二钠（EDTA-Na_2）	0.2 g
柠檬酸（$C_6H_8O_7 \cdot H_2O$）	0.95 g
甘油（$C_3H_8O_3$）	50 mL
四甲基联苯胺（TMB）	0.2 g
蒸馏水加至	500 mL

⑥终止液（2 mol/L H_2SO_4）。

取浓 H_2SO_4 27.62 mL，缓缓加入到 473 mL 的蒸馏水中，混匀即可。注意在加入硫酸的过程中，不要加得太快，以免过热。

⑦抗原包被液(0.1 mol/L 碳酸盐缓冲液)pH=9.6

碳酸钠(Na_2CO_3)	1.59 g
碳酸氢钠($NaHCO_3$)	2.93 g
叠氮钠(NaN_3)	0.2 g
蒸馏水加至	1 000 mL

⑧辣根过氧化物酶标记的羊抗小鼠 IgG(已商品化)。

(二)操作方法

1. 抗原包被

纯抗原浓度一般为 1～2 μg/mL,用包被液稀释后取 100 μL 加入聚苯乙烯酶联检测板各孔中,4℃过夜后,洗液洗涤 3 次。建议 4℃包被过夜。

2. 封闭

每孔加 200 μL 或加满封闭液,4℃过夜或 37℃ 2 h 后,洗涤 3 次,拍干。置 4℃冰箱保存备用。

3. ELISA 检测

(1)加待测样品。检测融合板时,无菌条件下取细胞上清,50～100 μL/孔加样到包被好的酶标板中,同时,每板分别选取无细胞生长的两孔为阴性对照,另选取无细胞生长的两孔加入阳性血清作为阳性对照;检测血清或腹水效价时,对血清或腹水做倍比稀释,100 μL/孔,以正常小鼠血清为阴性对照,37℃孵育 30 min,洗涤 3 次,拍干。

(2)加二抗。根据酶标二抗的效价选择稀释倍数,100 μL/孔,37℃孵育 30 min,洗涤 3 次,拍干。

(3)显色。加入 A、B 液各 80 μL/孔,37℃显色 15 min。

(4)终止。加入终止液 80 μL/孔。

(5)读数。以 450 nm 单波长测定各孔 OD 值,以与阴性对照孔 OD 值的比值(P/N)大于 2.1 为限,作为判断为阳性或确定效价的临界点。

五、杂交瘤细胞的克隆化培养

经检测的杂交细胞虽然分泌抗体,但它可能是一个杂交细胞,也可能是多个杂交细胞的后代所分泌的抗体,因此必须进行克隆化培养,以获得一个既有克隆原性又分泌抗体的杂交瘤细胞株。融合早期的杂交细胞很不稳定,易丧失分泌抗体能力,因此,尽早克隆化培养(细胞生长占孔底面积的 1/4～1/3)。通常经过 2～3 次克隆化培养杂交细胞即可稳定下来。为防止杂交细胞变异或污染等情况，在克隆化同时要冻结保存以防失种。

克隆化培养方法常用如下三种。

（一）杂交细胞直接接种法

将阳性杂交细胞团从培养板孔内吸出，放入装有 0.5～1.0 mL 无血清培养液的小皿内，分散细胞后，用毛细吸管吸取单个细胞，种入有饲养细胞的培养板孔内，37℃ CO_2 温箱培养（操作均在洁净台内倒置显微镜下进行）。

（二）半固体琼脂培养法

将阳性孔杂交细胞分散计数制成细胞悬液与琼脂及完全培养液适当量混合接种在培养皿里，37℃ CO_2 孵箱培养，5～7 d 长成细胞集落，用枪头吸取分散成悬液，再接种 96 孔板内培养。

（三）有限稀释法

此法简便适用广为采纳。

（1）准备一块有饲养细胞生长的 96 孔板（2.5×10^4 细胞/0.1 mL/孔）。

（2）将阳性孔杂交细胞计数制成细胞悬液。

（3）把 96 孔板分为 4 组，每组 24 孔，将细胞悬液按倍比法稀释成 4 组溶液，即每组每毫升含 100 个、50 个、25 个、12.5 个细胞，以 0.1 mL/孔加板培养。

（4）10 d 左右选择单克隆孔，检测抗体，如阳性者，再克隆，直至 100%孔分泌抗体。

此时选择抗体阳性强、细胞生长好的克隆，进行扩大培养，建系，保存。

六、杂交瘤细胞的冻存与复苏

（一）细胞的冻存——液体氮保存

1. 冻存液配方

二甲基亚砜冻存液（dimethyl sulfoxide）	10.0 mL
新生牛血清	30.0 mL
1640 培养液	60.0 mL
丙三醇冻存液（glycerol）	10.0 mL
新生牛血清	10.0 mL

1640 培养液　　　　80.0 mL

2. 冻存程序

(1)冷冻管高压灭菌备用。

(2)冻存细胞必须生长良好,活细胞大于 90%经 2 000 r/min 离心 5 min,吸去上清。

(3)用冷冻液配制成(0.2～1)×10^7 细胞/mL 悬液,分装冷冻管。

(4)放冰箱冷冻室 2～3 h→－20℃冰柜 4～6 h→气相氮→液体氮。

(二)细胞的复苏

从液体氮里取出冷冻管,速放 40℃水浴内,不断摇动以加速融化,加适量培养液离心,洗除冷冻液,加入瓶中培养。

七、单克隆抗体的大量制备(腹水制备)

(1)老鼠致敏。液体石蜡致敏 Balb/c 小鼠,6～8 周,注射体积 500 μL/只。10 d 后可制备腹水。

(2)注射细胞。收集杂交瘤细胞并用 1640 或 PBS 洗细胞两遍,取 100 万～150 万细胞注射于老鼠腹腔,1 周后可见老鼠状态不活跃并且老鼠的腹腔肿大。

(3)腹水采集。注射细胞 1 周后用无菌注射器于老鼠腹腔采集腹水,每隔 1～2 d 采集一次,这样多次反复采集直到老鼠自然死亡。采集到的腹水分装归类后,于－70℃冰箱保存。

【注意事项】

(1)用于免疫的动物,应选择与亲本骨髓瘤细胞同一品系的动物。

(2)免疫方案制定要合理。

(3)瘤细胞株应与待融合的 B 细胞同源。

(4)应尽量避免操作中的污染。

【思考题】

1. 单克隆抗体与多克隆抗体有什么优缺点?

2. 简述制备单克隆抗体的过程。

实验四　常用佐剂的制备技术

佐剂主要可分为两种：一种本身具有免疫原性，如百日咳杆菌、抗酸杆菌（结核分枝杆菌）以及革兰阴性杆菌等；另一种本身无免疫原性，如氢氧化铝、磷酸钙、矿物油乳剂、表面活性剂等。目前应用最多的是弗氏佐剂（Freund's adjuvant）。

一、弗氏佐剂

弗氏佐剂是目前动物实验中最常用的佐剂，分为不完全弗氏佐剂和完全弗氏佐剂。不完全弗氏佐剂是液体石蜡与羊毛脂混合而成，组分比为（1～5）∶1，可根据需要而定，通常为2∶1。不完全佐剂中加卡介苗（最终浓度为2～20 mg/mL）或死的结核分枝杆菌，即为完全弗氏佐剂。上述佐剂经高压灭菌后，低温保存备用。

在免疫动物前，先将弗氏佐剂与抗原按一定比例混合，制备成"油包水"乳状液。佐剂和抗原体积比一般为1∶1。佐剂与抗原乳化可按如下方法进行。

（一）研磨法

先将佐剂加热并取适量放入无菌的玻璃研钵内，待冷却后再缓缓滴入等体积的抗原溶液，边滴边沿同一方向研磨，滴加抗原的速度要慢。待抗原全部加入后，继续研磨一段时间，使之成为乳白色黏稠的油包水乳剂。本法适于制备大量的佐剂抗原，缺点是研钵壁上黏附大量乳剂，抗原损失较大。

（二）注射器混合法

将等量的弗氏佐剂和抗原溶液分别吸入两个注射器内，两注射器之间以一细胶管相连，注意排净空气，然后交替推动针管，直至形成黏稠的乳剂为止。本法优点是容易做到无菌操作，适用于制备少量的抗原乳剂。制备好的乳化剂经鉴定才能适用。鉴定方法是将乳化剂滴入冷水中，若保持完整不分散，呈滴状浮于水面，即乳化完全，为合格的油包水剂。

二、氢氧化铝佐剂

取5%硫酸铝溶液250 mL，在强烈搅拌下加入5%氢氧化钠溶液100 mL，用生理盐水离心洗涤沉淀 2 次，再加入生理盐水中使其达 250 mL。免疫接种时，取适量氢氧化铝佐剂加等体积抗原即可免疫。

三、明矾佐剂

钾铝矾（硫酸铝钾）在一定 pH 条件下产生氢氧化铝胶体吸附抗原而产生佐剂效应。制备方法是用生理盐水溶解蛋白质抗原，在搅拌下缓慢滴入一定量 10%硫酸铝钾溶液，用 NaOH 调 pH 到 6.5，此时溶液变成乳状悬液，离心后去掉上清液，沉淀用生理盐水洗涤 2 次，加入硫柳汞防腐，4℃保存备用。明矾佐剂一般用于肌肉注射，皮下注射容易引起肉芽肿和脓肿。

四、脂质体

脂质体包封抗原后，可使抗原延缓释放，并且脂质体颗粒有刺激机体免疫反应的作用。因此，用脂质体包封的抗原免疫动物可提高免疫效果。

五、油佐剂

由 94%（*V*/*V*）矿物油（10 号白油）、6%（*V*/*V*）的 Span-80，2%（*m*/*V*）硬脂酸铝加热溶解后形成的淡黄色油状液体。用法与用量：与蛋白抗原 2∶3（*V*/*V*）混合（加水相 4%体积 tween-80）经乳化而形成黏稠的乳白色油包水型疫苗。一般采用注射接种。

实验五　细胞免疫检测技术

免疫细胞是泛指参与免疫应答或与免疫应答有关的细胞，包括淋巴细胞、单核/巨噬细胞及其他辅佐细胞，各种粒细胞、红细胞、肥大细胞等。各种免疫细胞既有分工，又有协作，共同完成免疫应答及其调控。由于免疫系统或其他系统的疾病，或由于免疫接种或某些临床治疗措施及某些外界环境因素的影响，免疫细胞的数量或功能均可发生变化。

细胞免疫检测技术主要用于评价机体的细胞免疫功能，包括免疫细胞数量、T细胞亚群、免疫细胞活性、细胞因子检测技术等。细胞免疫检测技术通常用于4个方面：一是测定患病个体的细胞免疫状态及水平，以分析其发病机制，特别是对免疫缺陷、自身免疫病、肿瘤免疫以及细胞内病原感染等疾病过程中免疫功能的变化具有重要意义；二是测定动物疫苗免疫或抗原注射后机体的细胞免疫反应，以分析疫苗免疫效果和抗原刺激T细胞免疫的表位，以及分析病原微生物的细胞免疫机制，在研究能刺激T细胞免疫的疫苗方面具有重要的意义；三是筛选免疫增强剂或免疫抑制剂药物，或研究化学药物、营养成分以及物理疗法对机体免疫功能的影响；四是在研制细胞因子制剂过程中，测定其活性及效价。

细胞免疫检测技术主要用于检测人和动物体内相关细胞及活性物质，不如免疫血清学技术应用广泛。以前细胞免疫检测技术在医学领域应用较广，而在动物方面应用较少，但近年来，随着研究工作的深入，细胞免疫检测技术在动物疾病的免疫与致病机理、动物营养与免疫等研究领域逐渐得到应用。

第一节　淋巴细胞分离技术

血细胞主要包括红细胞、白细胞和血小板。白细胞又可分为中性粒细胞（50%～70%）、淋巴细胞（20%～40%）、单核细胞（3%～8%）、嗜酸性粒细胞（1%～5%）和嗜碱性粒细胞（不超过1%）5类。参与免疫反应的细胞主要包括淋巴细胞（T细胞、B细胞和NK细胞）、单核细胞和中性粒细胞。外周血单个核细胞（peripheral blood mononuclear cells，PBMC）包括淋巴细胞和单核细胞（60%～70%为T细胞，20%～30%为B细胞，约10%为单核细胞及NK细胞），是免疫学实验最常用的细胞，获得高纯度及高活性的 PBMC 是免疫学实验的先决条件。

【实验原理】

外周血中单个核细胞（包括粒细胞、淋巴细胞等）和单核细胞，其体积、形态和密度与其他细胞不同。淋巴细胞分离液是一种密度介于 1.075～1.090 而近似于等渗的溶液。常用 Ficoll-hypaque（聚蔗糖-泛影葡胺，商品名为淋巴细胞分离液）密度梯度离心法分离 PBMC。因为血液中各有形成分的密度存在差异，因此得以分离。红细胞和粒细胞密度大于分层液，离心后沉积于管底。淋巴细胞和单核细胞的密度小于或等于分层液的密度，离心后漂浮于分层液的液面上，呈白膜状，也有少部分悬浮在分层液中。血小板则因密度小而悬浮于血浆中。吸取分层液面上的细胞经离心洗涤后即可用于免疫学检测。不同动物 PBMC 的分离需用不同密度的淋巴细胞分离液，如小鼠为 1.092 g/mL，大鼠为 1.083 g/mL，鸡为 1.090 g/mL，犬为 1.079 g/mL，兔为 1.096 g/mL，牛为 1.086 g/mL，猪和人为 1.077 g/mL。

【实验目的】

1. 学习外周血单个核细胞分离的操作方法。
2. 学习淋巴细胞计数的方法。

【实验材料】

(1)试剂。无菌肝素溶液，用生理盐水将肝素配制成 125～250 U/mL 的无菌溶液，置 4℃下保存备用；猪淋巴细胞分离液，市售，20℃时密度应为 1.077 g/mL；Hank's 平衡盐或磷酸盐缓冲盐水(PBS)，pH 为 7.2～7.4；完全 RPMI-1640 培养液；2%台盼蓝染液。

(2)仪器或其他用具。15 mL 或 50 mL 锥底离心管、温度可调式水平离心机、无菌吸管、滴管、血细胞计数器、倒置生物显微镜等。

【操作方法】

(1)无菌采集静脉血若干毫升，注入盛有肝素的无菌小瓶中抗凝(1 mL 全血加 0.1 mL 125～250 U/mL 的肝素)。加盖后立即轻轻摇匀，使血液抗凝。

(2)吸取淋巴细胞分离液（每 10 mL 血加 3～5 mL 分层液）置于离心管中，然后将离心管倾斜 45°角，将稀释血液在距分层液界面上 1 cm 处沿试管壁缓慢加至分层液上面。注意保持两者界面清晰，勿使血液混入分层液内。

(3)将离心管置于水平式离心机内，在 18～20℃下以 2 000 r/min 水平离心 20 min。离心后，管内可分为四层：上层为血浆、血液稀释液及绝大部分血小板，下层为红细胞及粒细胞，中层为细胞分层液，分层液与血浆交界部位混浊的灰白色层即为单个核细胞层(图 5-1)。

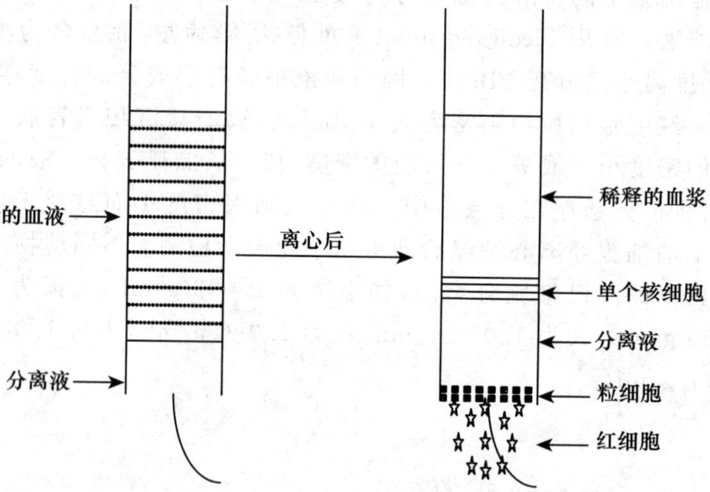

图 5-1　淋巴细胞分离液离心法分离血液细胞成分

(4)将毛细滴管插到血浆与分离液的界面层，沿管壁周缘吸出富含淋巴细胞的灰白色层，盛入另一支离心管中要尽量吸取所有单个核细胞，又要避免吸取过多的分层液或血浆，以免混入其他细胞成分。

(5)将细胞悬液加入 5 倍以上体积的 Hank's 液或 RPMI-1640，混匀，2 000 r/min 离心 10 min，弃上清液，将细胞沉淀用同法洗涤 2 次。可去掉大部分混杂的血小板。

(6)用含 10% 小牛血清的 RPMI 1640 培养液定容细胞，计数细胞后再调整细胞至所需浓度。一般每毫升血可分离出 10^6 个单个核细胞。

(7)取 2 滴细胞悬液加 1 滴 2% 台盼蓝染液，3～5 min 后取样作湿片高倍镜检。死细胞染成蓝色，活细胞不着色。计数 200 个细胞，计算活细胞百分率，一般活性应在 95%以上。计算细胞计数板四大格的细胞总数，压线细胞只计左侧和上方的。然后按公式计算：

$$细胞数/mL=四大格细胞总数/4\times 10^4$$

说明：公式中除以 4，因为计数了 4 个大格的细胞数。公式中乘以 10^4 因为计数板中每一个大格的体积为：1.0 mm(长)×1.0 mm(宽)×0.1 mm(高)=0.1 mm^3

而 1 mL=1 000 mm^3。

【注意事项】

(1)严格无菌操作,防止细胞被污染。

(2)与血液样品接触时应注意生物安全防护,避免血源性传染病。

(3)操作应轻柔,细胞悬液应充分混匀,避免损伤细胞活性及细胞丢失。

(4)细胞分层液的密度是影响分离效果的关键之一,不同动物的 PBMC 分离应选择相应的淋巴细胞分离液。应避光 4℃保存,取出后逐渐升至室温后混匀,方可使用。

(5)稀释血液可降低红细胞的凝集,提高淋巴细胞的收获量。

(6)离心时温度对分离效果亦有影响,温度过低,离心时间需适当延长,淋巴细胞丢失增多;温度过高,增加红细胞凝集,且影响淋巴细胞活性。本法分离单个核细胞纯度可达 95%,其中淋巴细胞占 90%~95%,细胞获得率可达 80%以上。细胞获得率高低与室温有关,超过 25℃时会影响细胞获得率。

【思考题】

1. 试述淋巴细胞分离技术的原理。

2. 如果分离的淋巴细胞中有少量红细胞残留,应怎样避免?

第二节　E-玫瑰花环形成实验

【实验原理】

玫瑰花环试验是体外检测人和动物细胞免疫功能的一种方法。E-玫瑰花环试验是 T 淋巴细胞计数的一种重要方法。由于人和动物的 T 淋巴细胞表面有红细胞受体,因此红细胞可以黏附到 T 淋巴细胞的周围而形成玫瑰花样的细胞团。在红细胞中,以绵羊红细胞最为常用。B 淋巴细胞则没有红细胞受体,所以不能形成 E-玫瑰花环,以此鉴别。

【实验材料】

①肝素抗凝剂。

②淋巴细胞分离液(配制方法见细胞分离技术)。

③无 Ca^{2+}、Mg^{2+} Hank's 液。

NaCl	4.00 g
$NaHCO_3$	0.175 g
KCl	0.20 g
$Na_2HPO_4 \cdot 12H_2O$	0.076 g
KH_2PO_4	0.030 g
葡萄糖	0.50 g
H_2O加至	500.00 mL

用5.6% $NaHCO_3$调pH至7.2,115℃ 15 min灭菌。4℃贮藏备用。

④5.6% $NaHCO_3$液。

$NaHCO_3$	5.60 g
H_2O	100.00 mL

115℃ 20 min灭菌,4℃贮藏备用。

⑤0.8%戊二醛溶液。

25%戊二醛溶液	0.32 mL
Hank's液	9.68 mL

用前配制。

⑥Giemsa-Weight染色液。

Giemsa粉	0.03 g
Weight粉	0.30 g
甲醇	100.00 mL

先将染料一起放入研钵内,加入少量甲醇,研磨细,然后倒入瓶内,并用甲醇冲洗研钵内染料,一起倒入玻瓶内,补足甲醇量,备用。

⑦绵羊红细胞。

⑧猪淋巴细胞。

【操作方法】

(1)取肝素抗凝血2 mL,置37℃水浴自然沉淀30～40 min,吸取全部血浆(约1 mL)。

(2)于血浆中加Hank's液数毫升,洗涤,1 500 r/ min离心5～10 min,弃上清。重复洗涤4次,沉淀均匀即为淋巴细胞悬液。

(3)采绵羊肝素抗凝血,加数倍Hank's液,洗涤3次,最后以Hank's配成10%悬液,4℃保存。

(4)取0.1 mL淋巴细胞悬液,加10%红细胞悬液0.1 mL,加小牛血清0.1 mL。

(5)37℃水浴 10 min,低速离心(600 r/min)5 min。

(6)吸弃多余的上清液后,放入 4℃冰箱 2~4 h。

(7)取出后,将沉淀轻轻摇起,加 0.8%戊二醛 0.1 mL,混匀后 4℃固定 15 min。

(8)将干净的玻片用 Hank's 液沾湿,滴一小滴混悬液,让其自然散开即可。

(9)自然干燥后,用姬姆萨-瑞氏液(Giomsa-Weight)或苏木精-伊红染色,水洗,干燥镜检。

【结果判定】

凡一个淋巴细胞结合 3 个或 3 个以上的红细胞者为一个 E-玫瑰环。检查 200 个淋巴细胞,按下列公式计算其玫瑰花环形成率。

$$\text{E-玫瑰花环形成率}=\frac{\text{形成花结的淋巴细胞数}}{\text{淋巴细胞总数(形成花结+未形成花结)}}\times 100\%$$

附:某些动物的 E-玫瑰花环率如下。

马:38.00%±2.00%(29.01%~51.35%)

31.20%±9.64%(18.70%~51.29%)

34.80%±4.16%(豚鼠 RBC)

30.70%±4.30%(绵羊 RBC)

36.53%±12.09%(豚鼠 RBC)

骡:27.50%±5.46%(14%~38%)

驴:32.90%±3.60%

42.90%±3.78%

牛:37.70%±4.20%

45.30%±4.00%

绵羊:30.70%±2.00%

山羊:13.30%±1.20%

猪:54.10%±1.90%

40.80%±12.86%

犬:32.40%

猫:38.00%

豚鼠:30.00%

人:34.80%±6.00%

【注意事项】

(1)影响E-玫瑰花环试验最主要的因素是淋巴细胞和红细胞的新鲜程度，被检血样必须新鲜，无菌，采血后要求在3～4 h内进行检验，否则由于淋巴细胞的死亡，受体脱落，影响检查结果。红细胞用阿氏液保存最多不要超过3周，且不应溶血。

(2)控制好反应温度、时间等条件对玫瑰花环形成率有较大影响。选37℃作用10 min，低速离心5 min，置4℃ 2～4 h，其结果稳定性较好，结合率较高。如在37℃作用时间较长，可见玫瑰花环发生变形，结合部位松弛、拉开，甚至解离。

(3)指示红细胞的动物种类也与玫瑰花环的形成率有关。如马淋巴细胞与豚鼠红细胞结合较好，而驴则与绵羊红细胞结合较好。Melinda氏报道，人、马、牛、猪、犬、猫、鼠与豚鼠红细胞的结合率都高于绵羊红细胞的结合率。

(4)加犊牛血清能增加玫瑰花环形成细胞的稳定性，增强与指示红细胞结合的牢固性。

(5)Hank's液的pH以7.2～7.4为宜。

【思考题】

E-玫瑰花环形成的原理是什么？

第三节　淋巴细胞转化实验

【实验原理】

当机体受到抗原(包括特异性的如结核菌素或非特异性的如植物血凝素、PHA等)的刺激时，T淋巴细胞就可以转化为淋巴母细胞，进一步转化为致敏淋巴细胞。这种转化在一定的程度上代表着机体的细胞免疫功能状态。这种转化也可在体外的T细胞的培养过程中加入适当的刺激原而出现，并表现出形态上的变化。目前常采用PHA诱发的淋巴细胞转化实验作为检查机体细胞免疫的功能状态。具体方法主要有两种：一是形态学检查法，即在加有PHA的培养基中，培养淋巴细胞后涂片、染色、镜检以观察形态学变化，计算淋巴细胞的转化率；另一种是同位素标记物掺入转化法，即当淋巴细胞受分裂原刺激发生转化时，必然伴有DNA的大量合成，此时若将具有放射性的^{3}H-TdR(胸腺嘧啶核苷)加到培养液内，则被DNA的原料摄入转化中的细胞内，测定细胞内放射性物质的相对数量(以脉冲数表示)，就能客观地测定淋巴细胞的转化程度。后者方法更为准确，且重复性好。

除此之外，MTT 法（四甲基偶氮唑盐微量酶反应比色法）也用于淋巴细胞转化实验的检测。该方法是 Mosmann 1983 年报道的。其原理是活细胞内线粒体脱氢酶能将四氮唑化物（MTT）由黄色还原为蓝色的甲臜（formazan），后者溶于有机溶剂（如二甲基亚砜、酸化异丙醇等），其产量与细胞活性成正比，死细胞和不能进行线粒体能量代谢的细胞（如红细胞）等均不能使 MTT 代谢产生甲臜。甲臜溶于有机溶剂（如二甲基亚砜、无水乙醇等）后，可在 560 nm 波长处用酶联检测仪进行测定。

一、形态学检查法

【实验材料】

①小牛血清。取新生的小牛，无菌采血，分离血清。于 56℃灭活后分装小瓶，放入低温冰箱保存。

②双抗。配成每毫升含青霉素 1.00×10^4 U，链霉素 1.00×10^4 U 的混合液。存放于－20℃。

③6% $NaHCO_3$ 水溶液。

④肝素。以灭菌生理盐水配成 500 U/mL，115℃灭菌 30 min，4℃保存备用。

⑤PHA。以灭菌生理盐水配成 1 000 μg/mL，经 G-5 漏斗过滤，分装小瓶，保存于－20℃备用。

⑥姬姆萨染液、瑞氏染液。

⑦pH 为 6.4 磷酸盐缓冲液：

KH_2PO_4	6.62 g
Na_2HPO_4	2.56 g
H_2O	1 000.00 mL

⑧营养液。采用 199 营养液或 RPMI-1640 营养液，配法如下。

199 营养液	79.00 mL
小牛血清	20.00 mL
“双抗”	1.00 mL

依次加入后，再用高压灭菌的 6% $NaHCO_3$ 液调 pH 至 7.2～7.3，分装小瓶，每瓶 0.2 mL。

【操作方法】

(1)于培养瓶内加 0.2 mL 马血，对照组与试验组各做 2 瓶，试验组均加 PHA 30 μg。

(2)37℃培养 72 h,每天轻摇 1～2 次。

(3)取出培养瓶,摇散血块,倒入离心管,3 000 r/ min 离心 10 min,去上清液。

(4)用血细胞泥制备推片,晾干。

(5)以瑞氏染液染 2～3 min,加等量缓冲液,混匀继续染 3 min,蒸馏水冲洗后再用姬姆萨染液染 2～3 min。加等量缓冲染液感作 7～8 min,馏水冲洗,晾干。

(6)镜检,观察,计数。

【结果判定】

在油镜下,观察淋巴细胞的形态变化(表 5-1),以头、体、尾三部分计算,至少计数 100 个或 200 个淋巴细胞,然后按公式计算出淋巴细胞形态转化率。

成年马的淋巴细胞转化率平均为 35.58%。

$$转化率=\frac{过渡型+转化型}{未转化型+过渡型+转化型}\times 100\%$$

不加 PHA 的对照组一般不转化或转化率只在 1%左右。

表 5-1 淋巴细胞转化前后形态学特点

项目	未转化型	转化型	过渡型
大小/μm	7～10	20～35	12～16
核与胞浆比例	大	小	稍大
核位置	几乎占全部胞浆	中央或稍偏	偏一侧
核仁	少或无	一个或数个	有或无
染色体	致密	疏松有分裂相	疏松
核周围透明区	不明显	明显	有
胞浆内空泡	不明显	明显	有或无
胞浆呈碱性	不明显	明显	有

转化淋巴细胞的形态特征:①体积增大,大于原成熟的淋巴细胞的 2～3 倍;②细胞核膜清晰,核内染色质疏松呈网状结构,可见 1～3 个核仁,有的核呈分裂相;③胞浆丰富,有嗜碱性染色,核周围的胞浆有一些淡染的透明带,细胞呈伪足状突起。

【注意事项】

(1)培养液最适 pH 为 7.2～7.4,过酸过碱都会影响细胞的生长而降低转化率。培养液的类型与动物的白细胞有关,如小鼠的淋转试验,用 RPMI-1640 最好,用199 液则不成功。

(2)培养时间以 72～120 h 转化率最高,超过这个时间,则转化率反而下降。

(3)吞噬细胞有时在形态上易与“过渡型”混淆。但巨噬细胞有其固有的特点，核占细胞比较小且偏一边，核染色质浓集，细胞浆呈蓝灰色或红褐色，胞浆内有大小不等的颗粒或吞噬物，且含有大小不等的气泡。

(4)涂片要少蘸些细胞，推出尾部来，因淋巴细胞较大，易集中在尾部及边缘。

(5)观察淋巴细胞转化，染色不要太浓，以便观察核仁。

(6)严格的无菌操作，是淋巴细胞转化试验成功的关键。

二、H-胸腺嘧啶核苷(^{3}H-TdR)掺入法

【实验材料】

①培养基。RPMI-1640 或 TC199 培养液。

②PHA。同形态学方法。

③小牛血清。

④^{3}H-TdR。选用比活性为 2～10 Mci/mg 分子的制品，将 1 Mci/mL 溶液以生理盐水稀释成 100 μci/mL，于 4℃保存备用。临用时再用培养液稀释成 10 μci/mL 溶液。

⑤3%冰醋酸。

⑥浓甲醛。

⑦30% H_2O_2液。

⑧闪烁液。

PPO(2,5-二苯基噁唑)	5.00 g
POPOP[1,4-双(5-苯基噁唑基-2 苯)]	0.30 g
无水乙醇	200.00 mL
甲苯	800.00 mL
混合即可	

【实验步骤】

(1)培养液中按 1%的体积加双抗(含青霉素 1 万 U/mL，链霉素 0.01 g/mL)及肝素液(含肝素 100 U/mL)。用 3.5% $NaHCO_3$液调 pH 为 7.2～7.4，然后加灭活的小牛血清，使浓度为 20%。再加 PHA(50～75 U/mL)，无菌分装于培养瓶内，每瓶 1 mL。

(2)无菌操作采血，并以肝素抗凝，同时进行白细胞计数及分类计数。

(3)取 0.1 mL 抗凝血，加入到含 1 mL 培养液的培养瓶中，每个血样接 2～3 个培养瓶。如果以血浆或分离的淋巴细胞代替全血，加入培养瓶中更好。

(4)37℃培养 72 h,在培养结束前 16～24 h,每瓶加入^{3}H-TdR 1 μci。

(5)培养结束后,将培养物移到离心管内,用 3%冰醋酸 6 mL,分两次冲洗培养瓶,并将冲洗液也装入离心瓶中,2 000 r/min 离心 10 min,去上清液。沉淀再用 3%冰醋酸洗涤一次,同样离心去上清液。

(6)在沉淀中加 30% H_2O_2液一滴,85℃水浴 15 min,待溶液呈无色时,再加甲酸 0.5 mL,继续加热(85℃)30 min,使沉淀物完全消化溶解。

(7)将消化溶解的液体移入测样杯内,用红外灯或 80℃热空气烘烤至液体体积少于 0.1 mL,加闪烁液 5 mL,用液体闪烁液计数器测其脉冲数。

(8)第 5～第 7 步骤制备闪烁液样品也可以采用滤膜法制备。即培养结束后,将培养液移入离心管,2 000 r/min 离心 10 min,弃上清液,沉淀用生理盐水洗涤一次、再离心。将沉淀移至滤膜上(注意将沉淀全部移入),减压抽滤,并依次以 10 mL 生理盐水、5 mL 5%三氯醋酸(若有带色物质,用 30% H_2O_2液脱色)和 3 mL 无水乙醇抽滤。取出滤膜,60～80℃烘干,然后将滤膜放入装有 5 mL 的闪烁液中(贴细胞的面朝上),用液体闪烁液计数器检测。

【结果判定】

以液体闪烁计数器测定每分的脉冲数 cpm。取各管测定读数的平均值,即为 0.1 mL 血样的脉冲数。全血检测的脉冲数,再按血样淋巴细胞计数结果,校正成每百万淋巴细胞的脉冲数(cpm/10^6淋巴细胞)。也可以刺激指数(SI)表示试验结果。为此须在培养时,设同样数量的不加 PHA 的对照培养瓶,试验管脉冲数与对照管脉冲数之比,即为刺激指数。

$$SI=\frac{试验管脉冲数}{对照管脉冲数}\times 100\%$$

【注意事项】

(1)血样与培养基比例一般在 1∶(10～30)为宜。

(2)培养细胞时,可放入 CO_2培养箱中培养,也可在普通温箱中进行培养,但一定要把盖子拧紧,否则结果差别较大。

(3)以 SI 表示结果时,一定要设置相同数量培养管的对照(即不加 PHA)。而以 cpm 绝对值表示(cpm/10^6淋巴细胞)则可以不用设对照管。因为对照的 cpm 与本底比较接近,不同样品之间的少许差别也不易确定其意义。

(4)闪烁液的容水量很低,所以在加入闪烁液之前必须烘干。但加入一定量的醇类(如无水乙醇),则可容纳少量的处理后所残留的水分,但也仍需烘至接近干燥的程度,否则将发生混浊而无法测定。据报道,如果闪烁液中加入 1/3 的异辛基苯氧聚乙氧乙醇(TritonX-100),其容水量可达 15%,消化溶解后的样品,不必烘干,即可添加闪烁液测定。

三、淋转试验 MTT 法

【实验材料】

(1)无菌 5 mg/mL 四甲基偶氮唑盐(MTT)。

(2)二甲基亚砜(DMSO)。

(3)无水乙醇、50%异丙醇(含 10% Triton X-100)或酸化异丙醇(含 0.04 mol/L HCl)。

(4)10% SDS(含 0.01 mol/L HCl)。

(5)酶标仪。

【实验步骤】

(1)无菌分离淋巴细胞,用 1640 培养液调制成 1×10^6/mL,加入 96 孔板,每孔 100 μL。

(2)每孔加 ConA 100 μL,每个样品加 3 孔,另 3 孔不加 ConA 作对照。37℃培养约 56 h。

(3)结束培养前加入 MTT 20 μL/孔,继续培养 4~6 h。

(4)每孔加 100 μL 溶剂,轻微振荡使甲臜产物充分溶解。

【结果判定】

在酶标仪上波长 560 nm 测定 OD 值,刺激指数(SI)=ConA 刺激管 OD 均值/对照管 OD 均值。

【注意事项】

(1)如果细胞培养液在 100 μL 以内,可以不吸出培养液,直接将 MTT 加入培养液中孵育;如培养液较多,为避免稀释 MTT,应吸出培养液。

(2)一般 MTT 的终浓度在 0.5~1.0 mg/mL 就可以获得满意的结果。

(3)研究表明,有机溶剂用 DMSO、SDS、50%异丙醇(含 10% Triton X-100)或无水乙醇比酸化异丙醇更为理想。但在室温偏低的条件下,DMSO 易结冰(其融点为 18~20℃),从而影响甲臜的溶解,使检测的光吸收度降低,此时应选择乙醇替代 DMSO。SDS 也有同样的缺陷,有报道用 SDS 作溶剂可以使所测光吸收度数日不变。但对于 DMSO 等有机溶剂溶解的时间不能过长，如 10 min 就可以获得结果。

(4)96 孔细胞培养板接种细胞数应在(0.5～2)×10^6 范围，细胞过多，会使 MTT 完全降解或细胞拥挤不能单层生长，使光吸收度减低，影响结果。

(5)常规 MTT 法中，最终形成的甲臜产物不溶于培养基，加入有机溶剂酸化异丙醇溶解甲臜颗粒，往往溶解不完全，且加入的酸化异丙醇可使培养体系中的小牛血清蛋白形成沉淀，影响检测结果，虽然目前 MTT 法做了很多改良，如有机溶剂用 SDS 等，省略了去除培养上清的步骤，但是重复性较差。

【思考题】

淋巴细胞转化试验有哪些方法？

第四节　细胞毒性 T 淋巴细胞活性测定

【实验目的】

理解和掌握细胞毒性 T 淋巴细胞(CTL)活性测定的原理、操作方法及结果的判定方法。

【实验原理】

细胞毒性 T 淋巴细胞(cytotoxic lymphocyte，CTL)是 T 淋巴细胞的重要组成部分，也是特异性细胞免疫的主要效应细胞之一，它可通过与带有特异抗原的靶细胞的直接接触，高效杀死靶细胞。CTL 细胞主要识别存在于靶细胞表面的与 MHCⅠ类分子相结合的抗原，被病毒感染的靶细胞、癌细胞、移植的细胞上就存在这种抗原。

测定 CTL 功能活性的传统方法有非同位素法和同位素法。非同位素法有单层细胞破坏法、细胞计数法、克隆形成抑制法等，其缺点是敏感性差，难以准确反映靶细胞的损伤和死亡。同位素法有 ^{3}H-TdR、^{125}I-UdR 掺入法(靶细胞的后标记法)和同位素释放法。同位素释放法常选用高质量的 ^{51}Cr 于试验前标记靶细胞，若待检细胞能杀伤靶细胞，则 ^{51}Cr 从靶细胞内释放出来，用 γ 计数仪测定靶细胞释放的 ^{51}Cr 放射活性。靶细胞溶解破坏越多，^{51}Cr 释放越多，上清液的放射活性越强，通过计算 ^{51}Cr 特异释放率，判断 CTL 的杀伤活性。该法可确切、客观地反映靶细胞损伤和死亡的情况。

本实验重点介绍 MHC 限制性小鼠 CTL 的细胞毒活性的测定。

【实验材料】

①RPMI-1640 完全培养基。

②含 2%小牛血清的 RPMI-1640 培养基。

③1% Triton X-100。

④IL-2、$Na^{51}CrO_4$。

⑤靶细胞与实验鼠来源于同一品系、经多肽刺激、病毒感染或修饰后的小鼠肿瘤细胞系。

⑥效应细胞和刺激细胞为实验鼠脾单细胞悬液(为 B 细胞、巨噬细胞、树突状细胞及 CTL 等细胞的混合物)。

【操作方法】

1. 鼠 CTL 效应细胞和刺激细胞的制备

(1)制备病毒感染或免疫后小鼠的脾单细胞,用完全培养液调整细胞浓度为 2×10^6 个/mL。

(2)根据试验目的,分别用活病毒(用量因病毒而异,如痘苗病毒重组体的用量为 1～5 PFU/细胞)或特异性多肽(应为与免疫鼠时相同的多肽,1 μg/mL),在 50 mL 烧瓶(直立)中与脾单细胞一起置 37℃ CO_2 培养箱中共同孵育,反应体积 10～20 mL。

(3)培养 3～4 d 后,向反应体系中加入 IL-2 至 5 U/mL,继续培养 4～5 d。如换液及补充 IL-2 后,可延长培养时间。

(4)培养结束后,以 200 r/min 离心 5 min,进行活细胞计数。

(5)用完全培养液调整细胞浓度为$(2～4)\times10^6$个/mL。

2. 制备^{51}Cr 标记的靶细胞

(1)取 5×10^6 个靶细胞,离心,重悬于 0.2～0.3 mL 无血清的培养液中。

(2)每 5×10^6 个细胞加入 100 μci ^{51}Cr,于 37℃温箱孵育 60 min。

(3)加入 10 mL RPMI-1640,以 200 r/min 离心 5 min,弃上清液至放射性物质废物容器内。重复 2 次。

(4)用 RPMI-1640 完全培养液重悬细胞,计数活细胞数。

(5)调整细胞浓度为 2×10^5 个/mL。

3. CTL 活性分析

(1)加入抗原(用量因抗原而异)到靶细胞中,共同孵育 2 h,洗 2 次,调整细胞浓度为 2×10^5 个/mL。

(2)用完全培养液,按 2 倍稀释法,制备效应细胞,用多通道加样器加入到 96

孔培养板中，每个稀释度做 3 个重复。

(3)加入 100 μL 靶细胞到相应的效应细胞孔及另外的 12 个不含效应细胞的孔中，其中的 6 个孔加入 100 μL 完全培养液。用以测定靶细胞 ^{51}Cr 自发释放，另外的 6 个孔加入 100 μL 体积百分数为 1%的 Triton X-100，用以测定靶细胞的 ^{51}Cr 最大释放量。

(4)将 96 孔板置于专用离心机中，以 200 r/min 离心 1 min，聚集效应细胞、靶细胞于孔底，利于互相作用。

(5)37℃温箱孵育 4～6 h，以 250 r/min 离心 5 min。

(6)用多通道加样器收集各孔上清 100 μL，置于新的培养板中，以测定上清 cpm 值。

【结果判定】

用 γ 计数仪分别测试各管上清及沉淀中的 cpm。

$$\text{对照淋巴细胞}^{51}\text{Cr 释放率}=\frac{\text{对照组 cpm 均值}-\text{自然释放 cpm 均值}}{\text{最大释放组 cpm 均值}-\text{自然释放 cpm 均值}}\times 100\%$$

$$^{51}\text{Cr 特异释放率}=\frac{\text{实验组 cpm 均值}-\text{对照组 cpm 均值}}{\text{最大释放组 cpm 均值}-\text{对照组 cpm 均值}}\times 100\%$$

【临床应用】

CTL 试验已成为医学体外测定肿瘤等患者细胞免疫反应的一种常用方法，例如利用靶细胞与淋巴细胞的相互关系来证明靶细胞的抗原性，可证明肿瘤抗原的存在。也用以直接测定机体免疫活性细胞直接杀伤肿瘤细胞的能力，判断肿瘤患者的愈后。本试验还可以用于鉴定 CTL 细胞亚群，以评价机体的特异性细胞免疫。

此外，CTL 试验已应用于抗病毒免疫的研究，例如用病毒感染细胞或用病毒核酸转化细胞，然后分析同种病毒抗原致敏的 CTL 对感染细胞或转化细胞的杀伤作用，用以寻找病毒刺激 CTL 反应的抗原表位。

【注意事项】

一般自然释放率＞15%、对照释放率＜5%而特异性释放率＞10%才有意义。如果自然释放率＞20%，则该次试验结果无效。

【思考题】

1. 试述细胞毒性 T 细胞活性试验的基本原理。

2. 本实验所用的效应细胞为脾脏单细胞悬液，如用脾脏单细胞悬液制备的淋巴细胞作为效应细胞，试验应如何进行？

3. 都用 LDH 活性检测试剂盒测定 NK 细胞和 CTL 细胞的杀伤活性，其方法有什么区别？

第五节 酸性 α-醋酸萘酯酶测定

【实验原理】

T 淋巴细胞质内含有酯酶，可以水解 α-醋酸萘酯产生 α-萘酚，α-萘酚又可与重氮付品红偶联生成不溶性的偶氮付品红萘酚，在 T 淋巴细胞浆酯酶存在的部位生成不溶性的黑红色的颗粒沉淀，而 B 淋巴细胞无此反应，以此鉴别。

【实验材料】

(1)固定液。40%甲醛。

(2)分离液(聚蔗糖-泛影葡胺)。相对密度 1.077±0.001，配制见细胞分离技术一章。

(3)染色液。

①付品红液：取 2 g 付品红加入 2 mol/L HCl 100 mL，温水浴溶解后保存于 4℃备用。

②亚硝酸钠溶液(现用现配)：取 0.14 g 亚硝酸钠加入双蒸馏水 10 mL，振荡溶解。

③α-醋酸萘酯溶液：取 2 g α-醋酸萘酯溶于乙二醇单甲醚 100 mL 中，贮于棕色瓶内，于 4℃保存。

④0.067 mol/L pH 为 7.6 PB 液。

甲液 NaH_2PO_4 9.08 g 溶于 1 000 mL 双蒸水。

乙液 Na_2HPO_4 9.47 g 溶于 1 000 mL 双蒸水。

⑤甲基绿复染液：取 1 g 甲基绿，溶于 100 mL 双馏水中，4℃保存。

⑥应用染色液(孵育液)的配制。取 1 mL 亚硝酸钠溶液缓慢滴入 1 mL 的付品红液中，边加边摇匀，付品红液由红色变为浅黄色，混合后，静置 1～2 min，将此混合液倒入 30 mL pH 为 7.6 PB 液中，充分混合后，再加入 α-醋酸萘酯溶液 0.85 mL，边加边搅拌，混匀后使用。

【操作方法】

1. 标本的制备

取肝素抗凝血 1 mL，加等量或适量的生理盐水稀释，取分层液 2 mL 加入离心管内，然后将上述稀释的血液沿管壁缓缓加入至分层液上，注意不要打破两层界面。以水平转子离心机 1 000～1 500 r/min 离心 20 min。结果形成四层，最上面第一层为血浆层，第二层为淋巴细胞（包括单核细胞）层，第三层为分层液，第四层为红细胞。用毛细管吸取血浆层，然后吸取淋巴细胞放入适量的 Hank's 液（或生理盐水）中，充分摇匀。2 000 r/min 离心 5～10 min 弃上清液，再重复洗涤一次，即获淋巴细胞。以此淋巴细胞涂片。自然干燥后，以 40％甲醛蒸汽固定 10 min。

2. 染色镜检

（1）于固定的标本片上滴加孵育液，以覆盖为度，37℃染 45～60 min，蒸馏水冲洗。

（2）甲基氯复染 1～5 min，蒸馏水冲洗。

（3）自然干燥，镜检。

【结果判定】

在胞浆内出现大小不一、数量不等的黑红色颗粒的细胞为 T 淋巴细胞，无此颗粒的为 B 淋巴细胞。同时计数淋巴细胞 100～200 个。求出它们各占的百分比。

几种动物的 T 淋巴细胞正常值如下。

马	57.8％±2.009％
骡	51.8％±2.037％
小白鼠	76.42％±4.44％
豚鼠	73.43％±8.04％
兔	77.0％±2.79％
人	62.3％±8.62％

【注意事项】

（1）本试验对染色剂的 pH 要求比较严格，否则不易染上。染色时间在各动物也不一致，见表 5-2。

表 5-2　人与几种动物酯酶染色的最适 pH 与染色时间

动物	最适 pH	最适染色时间/h
人	6.5	1
猫	5.5	6
犬	6.0	1
兔	5.5	6
豚鼠	6.0	5
大鼠	6.5	1
小白鼠	6.5	1
猪	7.0	4
绵羊	6.0	1
山羊	6.5	1
马	6.1	2
驴	6.0	1.5

有人主张孵育液的 pH 必须为在 5.8～6.4。

(2)固定液可用 2.5%戊二醛代替甲醛，被认为其效果更好，标本清晰，颗粒鲜明。固定方法为 4℃固定 10 min，然后用蒸馏水冲洗，自然干燥。制片后迅速固定，以免细胞死亡破裂，酶外溢，造成假阴性。

(3)所用试剂必须要纯品，最好是 A. R. 级。所有器皿必须洗净，用蒸馏水冲洗，且专用。

(4)有人认为用碱性品红可代替品红，丙酮可代替乙二醇单甲醚，孔雀绿可代替甲基绿。

(5)酯酶染色法与 E-玫瑰花环的关系。有人认为，酯酶染色法可以代替 E-玫瑰花环试验，至少两者应相应一致。

【思考题】

试述酸性 α-醋酸萘酯酶测定的基本原理。

第六节　MTT 法检测 T 淋巴细胞转化实验

测定淋巴细胞体外增殖反应是检测细胞免疫功能的常用方法。刺激淋巴细胞增殖的物质可分为两大类：①非特异性刺激物，如植物血凝素（phytohaemagglutinin,PHA)、刀豆蛋白 A(concanavalin,ConA)、美洲商路(pokeweed mitogen,PWM)、佛波酯(Phorbol-12-myristate-13-acetate,PMA)等促有丝分裂原;能产生A蛋白的金黄色葡萄球菌 Cowan Ⅰ株(*Staphylococcus aureus* strain Cowan Ⅰ,SAC)、EB 病毒(*Epstein-barr virus*)、链球菌溶血素 S、细菌脂多糖(lipopolysaccharide,LPS)等微生物及其代谢产物;胃蛋白酶、胰蛋白酶等蛋白物质;抗 CD3、抗 CD2、抗 IgM 等细胞表面标志的抗体以及某些细胞因子等;②特异性刺激物,主要为特异性抗原物质。不同的刺激因子可刺激不同的淋巴细胞分化增殖,因而可反映不同淋巴细胞群体的免疫功能。

T 细胞可被 PHA、ConA、针对 TCR 或 CD3 恒定区抗原表位的特异性抗体等物质多克隆激活。由于这些多克隆激活因子不能向 T 细胞提供共刺激信号,还可以同时与抗受体的抗体(如抗 CD28 或抗 CD2 的抗体)一起作为共刺激因子,刺激 T 细胞的增殖。超抗原可结合于所有表达 TCR β 链的 T 细胞表面,并进行多克隆激活。脂多糖、脂蛋白、结核杆菌的纯化蛋白衍生物(purified protein derivative,PPD)均可多克隆激活 B 细胞。另外,抗膜表面 Ig 的抗体可结合到所有 B 细胞膜表面 Ig 的恒定区,发生类似抗原结合到 B 细胞膜表面 Ig 高变区相同的生物学效应,从而对 B 细胞进行多克隆激活。

【实验原理】

淋巴细胞受到特异性抗原或丝裂原刺激后,在转化为淋巴母细胞的过程中,细胞体积增大,代谢增强,DNA 的合成明显增加。淋巴细胞的转化程度与 DNA 的合成呈正相关。可用 MTT[3-(4,5-dimethylthiazol-2-yl)-2,5-diphenyltetrazolium bromide,3-(4,5-二甲基噻唑-2)-2,5-二苯基四氮唑溴盐,商品名噻唑蓝]比色法检测淋巴细胞的增殖程度。活细胞内线粒体脱氢酶能将 MTT 由黄色还原为蓝色的甲臜。甲臜的形成量与细胞增殖程度相关,与活细胞数成正比。死细胞以及不能进行线粒体能量代谢的细胞(如红细胞)等均不能使 MTT 代谢生成甲臜。甲臜不溶于水,可用有机溶剂(如二甲基亚砜、无水乙醇等)溶解后在 570 nm 波长处用酶联免疫检测仪进行检测。

【实验目的】

学习 MTT 法检测 T 淋巴细胞增殖的方法。

【实验材料】

(1)纯化的外周血单核核细胞;RPMI 1640 培养液;5 mg/mL MTT;0.3～

0.5 mg/mL ConA；二甲基亚砜。

(2)96孔细胞培养板；ELISA仪；CO_2培养箱。

【操作方法】

(1)采集抗凝血，按常规方法分离PBMC。

(2)用1640将细胞调整到1×10^6/mL。

(3)在96孔细胞培养板中每孔加100 μL ConA，设培养液对照，均做3个复孔。

(4)向各孔内加100 μL细胞，置37℃ 5% CO_2温箱中培养3 d。

(5)每孔中加入10 μL MTT(5 mg/mL)，继续培养4 h。

(6)加二甲基亚砜100 μL/孔，充分混匀，静置数分钟，以溶解甲臜颗粒。

(7)用酶标仪检测波长为570 nm的OD值。

【结果判定】

以刺激指数(SI)作为判断淋巴细胞转化程度。SI＝试验孔OD均值/对照孔OD均值。

【注意事项】

(1)淋巴细胞增殖实验检测的是活细胞的增殖能力，因此分离得到的活淋巴细胞比例应至少高于90%。

(2)细胞浓度会影响检测结果。如果细胞孔中细胞过多，会使MTT完全降解或细胞拥挤不能单层生长，降低吸光度值。

【思考题】

1. MTT法检测淋巴细胞的增殖原理是什么？

2. 如果要检测B淋巴细胞的增殖，需要用什么有丝分裂原刺激？

第七节 细胞内细胞因子染色

【实验目的】

学习并掌握细胞内细胞因子染色的实验原理、操作及应用范围。

【实验原理】

细胞内细胞因子染色法是用来分析在单细胞水平淋巴细胞的功能。通过结合表面染色和细胞内细胞因子染色，此法可以获得在一定数量群体中，能够释放细胞因子细胞的百分比，而这些信息是无法用酶联免疫斑点法检测方法所获得的。本实验以T淋巴细胞内分泌的——干扰素为例。

【实验材料】

PE鼠单抗 IFN-g (BD Bioscience 554412)；PE鼠 IgG1 同型对照(BD Bioscience 554685)；BD Cytofix/Cytoperm™；Fixation/Permeabilization 液体试剂盒，BD GolgiStop™(BD Bioscience 554715)；磷酸缓冲液(PBS)；FACS染色液：1×PBS，2% FBS；PMA (Sigma 79346)；Ionomycin (Sigma 19657)；离心机和转头。

【操作方法】

(1)刺激细胞。

①为刺激细胞使 IFN-g 从 T 细胞中释放，加入 PMA (5 ng/mL)和 Ionomycin (500 ng/mL)用 37℃ 6 h 来培养和孵育细胞。

②每 6 mL 培养细胞加入 4 mL BD GolgiStop™，充分混匀。(推荐 BD GolgiStop™在细胞液中的时间不超过 12 h)。

(2)收集细胞。

①1 500 r/min 离心 3 min 来收集细胞。

②收集细胞用 PBS，重悬两次。

③PBS 含 2% FBS 溶液将细胞稀释到 1×10^7 细胞/mL。

④在 96 孔板中加入 100 mL 细胞液(1×10^6)。

⑤4℃ 800*g*，离心 3 min。

⑥用预冷 PBS 洗 3 次。

(3)细胞表面抗原染色。

①将细胞重悬在 100 mL Fc 封闭液中(推荐稀释倍数：1∶1 000 PBS/2% FBS)，冰上孵育 10 min，离心。

②用 100 mL 表面抗体混合液重悬(推荐稀释倍数：1∶100 PBS/2% FBS)。室温避光孵育 20 min，离心。

③预冷 PBS 洗一遍。

(4)细胞内抗原染色。

①200 mL BD Cytofix/Cyto Perm 溶液重悬。室温避光孵育 30 min，500g，3 min，4℃离心。

②用 200 mL BD Perm/Wash buffer 清洗两次。按①步离心。

③用 100 mL 细胞因子染液重悬（推荐稀释倍数：1∶100 in 1×Perm/Wash）。冰上避光孵育，30 min 按①步离心。

④用 200 mL BD Perm/Wash buffer 清洗两次，按①步离心。

(5)用 300～400 mL FACS buffer 重悬细胞并转移到 Falcon 圆底试管中用流式细胞仪分析。

【注意事项】

(1)经刺激活化的细胞可以是在体内刺激的组织，也可以是经体外刺激的培养细胞(例如抗原刺激或丝裂原刺激)。在刺激过程的一个关键步骤是最后 4～6 h，要加入蛋白运输抑制剂 brefeldin A 或者 monensin，以抑制细胞因子分泌到胞外。

(2)不同的细胞因子和趋化因子有不同的表达谱，为了获得最佳的染色信号，不同指标的刺激条件应该分别优化。

(3)一些抗体识别天然的细胞表面抗原，而不能识别被固定的或者变性的抗原。因此对于这类抗原，建议在固定破膜和胞内染色之前，对活细胞进行表面染色。如果固定后再染细胞表面标记，要慎重选择抗体的克隆号。而当实验者凭经验发现一些专门识别经多聚甲醛变性的抗原的克隆时，便可改变操作方法，即固定细胞之后再进行表面抗原染色。

【思考题】

1. 检测何种抗原时需要采用胞内染色？

2. 该实验为何需要选用细胞破膜剂？常用的破膜剂有哪些？各有哪些优缺点？

第八节　酶联免疫斑点法(ELISPOT)

【实验目的】

学习并掌握定量检测分泌细胞因子细胞的方法。

【实验原理】

细胞受到刺激后局部产生细胞因子，此细胞因子被特异单克隆抗体捕获。细胞分解后，被捕获的细胞因子与生物素标记的二抗结合，其后再与碱性磷酸酶标记的亲和素结合。BCIP/NBT底物孵育后，PVDF孔板出现“紫色”的斑点表明细胞产生了细胞因子，通过CTL公司生产的ELISPOT酶联斑点分析系统对斑点的分析后得出结果。

【实验材料】

70%乙醇；PVDF包被的96孔板；包被抗体；标记的检测抗体（酶、Biotin、荧光）AP/HRP-链霉亲和素（如果检测抗体是Biotin标记）；底物溶液；各种缓冲液：包被液、稀释液、洗涤液等；阳性对照：重组的细胞因子或者已知产生细胞因子的细胞；吸水纸；Biosys Bioreader自动读板仪。

【操作方法】

第一天：ELISPOT培养板包被程序（严格注意无菌操作）。

(1)实验卡片填写：设计好试验，把每个孔要加入的内容做成卡片，到时候就会从容很多。

(2)每孔加入15 μL 70%的乙醇预湿。

注意：

①未润湿PVDF膜是洁白、不透明的，经乙醇润湿后，颜色变暗，呈半透明状，很容易观察二者的区别。

②加乙醇时，枪头应该靠在孔壁接近孔底的地方，注意枪头不要刺到PVDF膜。

③若加入的乙醇挂在孔壁上，盖上板盖，轻轻叩击，让乙醇顺势滑落。乙醇一旦接触到PVDF膜，就会在表面张力和毛细作用之下迅速浸润整块膜，使得膜的颜色和透明度发生变化。

④15 μL是经过优化的体积，能保证刚好完全浸润整块膜，而不会有剩余。请勿随意加大用量！

⑤膜在润湿后如果不做处理，大约10 min后由于乙醇的挥发会重新变干。所以应该在膜变干之前加入去离子水，两步的时间间隔不要超过5 min。否则，膜需要重新润湿。

(3)洗涤：100 μL/孔加入去离子水，洗涤2次。

①本次洗涤目的在于：除去预湿用的乙醇。因此应该尽量洗涤干净，减少

残留。

②包被：按说明书操作。50 μL/孔加入用1×PBS稀释好的包被抗体，4℃包被过夜。

(4)封闭：(次日)倾倒包被液，用无菌1×PBS洗涤3次。最后一次，在灭菌的吸水纸上扣干。200 μL/孔加入稀释好的封闭液，37℃封闭1 h。

(5)倾倒封闭液，无须洗涤，直接加入检测细胞进行ELISPOT检测。

第二天：接种细胞，加入刺激物，培养(严格无菌操作)。

整个实验设置1组正对照(PHA刺激)，每一个细胞样品(同一个实验动物)要设1组负对照(不加刺激物)，整块板还要加1组背景负对照(不含细胞，只加培养基和所有检测试剂)。

(1)填好实验卡片，用以指导实验安排及细胞和试剂的添加。每一个细胞/刺激物的组合设复孔(建议2～4孔，客户可根据实验要求自行调整复孔数目)。

(2)取出封闭好的板，准备加入细胞。如果是以前做的封闭，先加入200 μL的Lympho-Spot™无血清培养基室温静置10 min，然后倾倒。

(3)细胞上板：按照实验卡片的安排，接种不同浓度的细胞，100 μL/孔，细胞在孔中的分布要尽量均匀(要诀是加入细胞之后，不要再振动或者拍击ELISPOT板。有人认为拍击板子会让细胞更分散，但实际情况刚好相反)。

①正对照：细胞浓度为1×10^4细胞/孔。

②细胞样品：样品细胞浓度请实验者自行摸索调整，通常为$(1\sim5)\times10^5$细胞/孔。

③背景负对照：加入100 μL的Lympho-Spot™无血清培养基，该孔即为背景负对照孔。

④刺激物：特异性刺激物和非特异性刺激物之分。

(4)正对照孔加入10 μL PHA，终浓度1～4 μg/mL，该浓度能有效刺激IFN-γ的分泌。

(5)加入实验者自己的刺激物(用Lympho-Spot™无血清培养基配制成10×终浓度，10 μL/孔)到实验孔。加完刺激物后不要再拍击ELISPOT板。有人认为拍击板子会让刺激物在孔中混合均匀。实际上，通过扩散，刺激物会很快混合均匀。拍击板子会让细胞聚集分布在孔的外周。

(6)加完所有的样品之后，盖上板盖，放入二氧化碳培养箱，37℃培养18～24 h。

注意：碰撞会引起细胞移位，造成斑点模糊、拖尾。在整个培养过程中应避免移动、碰撞培养板，并尽量减少开关培养箱的次数。

第三天:培养后操作(无须无菌操作)。

(1)裂解细胞。倾倒孔内的细胞及培养基,200 μL/孔加入冰冷的去离子水,4℃冰浴 10 min(低渗法裂解细胞)。

(2)洗涤。每孔加入 200 μL PBST,浸泡 3~5 min 后扣出洗涤液,重复 5 次。最后一次,在吸水纸上扣干。

(3)加入检测抗体。每孔加入 100 μL 稀释好的生物素标记检测抗体,37℃孵育 1 h。

(4)洗涤。每孔加入 200 μL PBST,浸泡 3~5 min 后扣出洗涤液,重复 5 次。最后一次,在吸水纸上扣干。

注意:

①有实验者认为,洗涤检测抗体和酶标亲和素时,膜的背面也需要清洗。经验证,不清洗膜的背面也完全可以得到满意的结果,但是若清洗,背景会更干净一些。所以,清洗膜的背面为实验的优化步骤,是否略过,由实验者自行决定。

②洗涤膜的背面,方法是:在洗涤最后一次时,将去除塑料保护层的 PVDF 膜板底面浸入盛有干净 PBST 的浅托盘中,轻轻漂洗几次即可。

③一定要将膜背面和塑料保护层上的液体甩干后,再合拢,盖上,不要划伤膜。

(5)加入酶标亲和素。每孔加入 100 μL 稀释好的酶标亲和素,37℃ 1 h。

(6)洗涤。每孔加入 200 μL PBST,浸泡 3~5 min 后扣出洗涤液,重复 5 次。最后一次,在吸水纸上扣干。

(7)显色。解冻已配好的 AEC 显色液。每孔加入 100 μL 的显色液,室温静置 15~45 min(在 20~25℃,显色 25 min 较合适),注意避光。

(8)待斑点生长到适合的大小之后,以去离子水洗涤 2 遍,终止显色过程。将板倒扣在吸水纸上,拍干细小的水珠,之后取下保护层,放在通风的地方,室温静置 10~30 min,让膜自然晾干。注意不要将板放到烤箱内,防止膜发脆、破裂。

(9)将 ELISPOT 板置于 Biosys Bioreader 自动读板仪内,调节好合适的参数,斑点计数,并记录斑点的各种参数,做统计分析。

【结果判定】

根据读板仪读取的斑点数量,统计分析各实验组细胞分泌细胞因子的量。

【注意事项】

(1)操作 BCIP/NBT 显色液时最好戴上手套。

(2)为了防止边缘影响,最好在 96 孔板外面包裹锡箔膜,包裹直到显色结束再弃去。

(3)加样细胞和试剂时加样枪头切勿碰触孔底的 PVDF 膜,以防损坏 PVDF 膜。

(4)常用的 96 孔板虽然不是无菌的,但是短暂的孵育时间和培养液中抗生素的存在,ELISpot 的操作过程不会被污染。

(5)绝大部分板子只能一次做完,请务必在实验开始之前设计好实验方案,尽量最大限度地利用板孔和试剂。

(6)检测抗体和酶最好现配现用。

(7)为保证结果的准确性,建议作双复孔或三复孔。

(8)实验结束后,不要在高于 37℃的温度下干燥,否则 PVDF 膜可能会破裂。

(9)推荐以下对照设定。

阳性对照:重组细胞因子或确定能分泌该种细胞因子的细胞。阴性对照:相同数量的未刺激细胞。背景对照:无菌细胞培养液。检测抗体对照:用 PBS 代替检测抗体。

【思考题】

1. ELISPOT 和 ELISA 的区别是什么?

2. 试述斑点大小的意义。

3. 几次重复实验才能使结果更有意义?

第九节　流式细胞仪技术

【实验目的】

学习并掌握流式细胞术细胞表面染色的方法和实验操作。

【实验原理】

流式细胞术(flow cytometry, FCM)是一种在功能水平上对单细胞或其他生物粒子进行定量分析和分选的检测手段,它可以高速分析上万个细胞,并能同时从一个细胞中测得多个参数,与传统的荧光镜检查相比,具有速度快、精度高、准确性好等优点。将待测细胞用荧光染料或荧光标记的抗体染色后制成单细胞悬液,被荧光染色的细胞在激光束的照射下,产生散射光和激发荧光,这些荧光在流式细胞仪的检测系统中形成多个不同波长的荧光信号,这些荧光信号的强度代表了所测细胞膜表面抗原的强度或其核内物质的浓度。

【实验材料】

1640 培养液、PBS 缓冲液、铜网、小平皿、剪刀、镊子、离心管、红细胞裂解液、枪头、抗体、细胞计数板、杀鸡用大剪刀、1 mL 注射器。

【操作方法】

(1)取一小块雏鸡脾脏，放入装有 1 mL 1640 培养液的 1.5 mL 离心管中。

(2)铜网＋平皿中加入 1 mL 1640 培养液。

(3)将脾放入铜网中，研磨脾脏。

(4)吸取磨好的脾汁放入 1.5 mL 离心管中，离心 2 000 r/min，5 min。

(5)弃去上清液，向脾汁沉淀中加入 500 μL 红细胞裂解液，混匀作用 3 min，离心 2 000 r/min，5 min。

(6)若离心后得到沉淀不变白，可重复上述操作。

(7)裂解完成，离心完成，弃去上清液，向试管中加入 1 mL PBS 混匀。

(8)向 1.5 mL 离心管中加入 490 μL PBS，再加入 10 μL 步骤(7)脾汁，计数。

(9)取 10^6 个细胞加 PBS 定容至 100 μL，此处用 1.5 mL 离心管。

(10)向细胞悬液内加入抗体，每只鸡两管细胞悬液，每管 10 μL。

(11)4℃避光保存 45 min。

(12)向细胞悬液中加入 1 mL PBS 2 000 r/min 离心 5 min。

(13)弃上清液，向管中加入 200 μL PBS，振荡重悬后，采用流式细胞仪分析染色结果。

【注意事项】

(1)对照组的设置。在流式细胞术中所测得的量都是相对值，不是绝对值。如需知道绝对值时必须设置对照组样品。对照组样品包括有阴性对照和阳性对照。

阴性对照：

①在实验过程中，如做间接标记法，可设置与一抗无关的实验，即在实验中不加一抗而只加上带有荧光标记的第二抗体作为阴性对照管，作为阴性对照。

②在实验过程中，假设做直接标记法，可设置理论上的阴性细胞作为阴性对照管，实验过程及步骤与实验组务必相同(做间接标时记，同样也可同时设置“阴性细胞”的阴性对照管作为阴性对照)。

③在实验过程中，假设做直接标记法，可将实验组细胞，取一管，加上与实验抗体所标记的荧光颜色相同的同型对照来作为阴性对照。

阳性对照：

在实验过程中如涉及表达缺失或减少的实验，应设置阳性对照组，其设置方法与阴性对照设置相同。

(2)在实验过程中，在保证实验的科学性和准确性的基础上，应尽量减少实验工序和过程。由于间接标记法的工序多，实验过程长，如再加之操作不熟练，细胞更容易丢失和受损，而造成实验结果的误差。因此，在条件允许的范围内，建议尽量做直接标记法而不去做间接标记法，以保证实验的真实性和准确性。

(3)建议送检细胞一定要足够量，一般要求 1×10^6 个细胞。不要过少，因为，如细胞太少检测时样本流量会相对增大，从而影响变异系数，结果也不可信。细胞量也不宜过多，因细胞量太多，加入的抗体或染料相对不足，结果也由此受影响。

(4)同一种细胞需同时做双标记时，须做双标记的同型对照，且两种抗体所标记的荧光颜色务必不同。

【思考题】

1. 同型抗体是什么？在流式细胞染色中的作用是什么？

2. 流式细胞术细胞染色过程中荧光的选取和搭配有哪些需要注意的因素？

第十节　流式细胞仪技术检测 T 淋巴细胞亚群

【实验原理】

不同的淋巴细胞有不同的表面标志，通过特定表面标志的识别可对淋巴细胞及其亚群进行计数，从而评价动物体的细胞免疫功能。按照淋巴细胞表面抗原的不同，用荧光标记的相应 CD 分子的 McAb 与细胞表面相应抗原结合，即可通过流式细胞仪技术进行检测。被荧光染料染色的细胞受到强力的激光照射后发出荧光，同时产生散射光。前向散射光与细胞大小有关，侧向散射光反映在细胞内的折射作用，与细胞内的颗粒多少有关。流式细胞仪能检测到细胞悬液中单个细胞上的荧光信号，细胞发出的荧光信号和散射光信号被接收后，可以一维组方图或二维点阵图及数据表或三维图形显示，从而确定表达特定分子的细胞数目。流式细胞仪还可以对特定的细胞亚群进行分选。

除了标记抗体外，流式细胞仪还可对胞浆中离子浓度、氧化-还原状态等通过荧光染料进行测定。能与 DNA 结合的荧光染料碘化丙啶对细胞染色后，可进行细胞周期分析。

【实验目的】

1. 掌握流式细胞仪技术的原理及其用途。

2. 了解流式细胞仪技术检测 T 细胞亚群的方法。

【实验材料】

(1)试剂。200 U/mL 肝素抗凝剂；溶血素；PBS；淋巴细胞分离液；FITC-抗猪 CD3 的单抗；PE-抗猪 CD4 的单抗。

(2)仪器及用具。流式细胞仪、无菌试管、离心机等。

【操作方法】

(1)全血法。

①采集抗凝血，全血 100 μL 加 10 μL 单抗试剂，室温避光孵育 20 min。

②加溶血剂 2.0 mL，混匀，溶血 5 min。

③1 500 r/min 离心 10 min，去上清液。

④用 PBS 洗涤细胞一次，离心后加 0.5～1 mL PBS 稀释，混匀，即可上机检测。

(2)非全血法。

①用淋巴细胞分离液分离 PBMC，用冷的 PBS 离心洗涤，弃上清液。

②将细胞悬液加入 V 形底的试管中，每管 5×10^5 个细胞。以 1 400 r/min 离心 5 min，轻轻倾斜试管将上清液吸出。

③加入 4℃预冷的 PBS(含 25% BSA 及 0.1%叠氮钠)200 μL，离心洗涤，弃去上清液。

④加入用 PBS 稀释的荧光素标记的抗 CD3 及 CD4 的单克隆抗体各 200 μL，4℃或置冰上孵育 30 min。设荧光素标记的猪 IgG 作为对照。

⑤离心弃上清液，加入冷 PBS 200 μL，离心洗 2 次，以除去未结合的多余抗体成分。

⑥向细胞中加入冷 PBS 200 μL，吹打混匀，即可上机检测。

【结果判定】

计算机可对流式细胞仪的检测结果进行自动计算，以二维图的方式提供 $CD3^+$ 及 $CD4^+$ 单阳性、双阳性及双阴性细胞的检测结果及比例（图 5-2 和图5-3）。

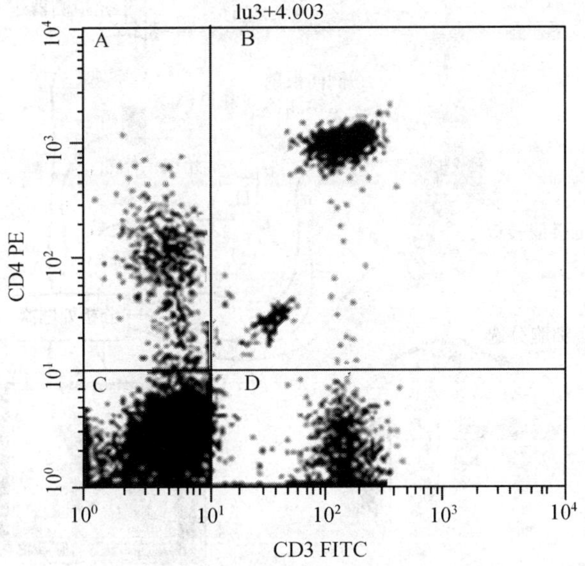

图 5-2　流式细胞术检测结果的二维示意图

A. $CD3^-CD4^+$ 细胞　B. $CD3^+CD4^+$ 细胞　C. $CD3^-CD4^-$ 细胞　D. $CD3^+CD4^-$ 细胞

【注意事项】

（1）温度影响。一般情况下，环境温度的升高对荧光染色有明显的影响。温度升高造成溶液黏滞性增加，溶剂和荧光染料分子的动力增大，使荧光猝灭的可能性增大。温度在 20℃以下，荧光分子基本稳定。

（2）pH 影响。荧光分子在溶剂中基本上处于离子化状态，因此溶剂中的氢离子对荧光强度的影响是极大的。如果 pH 发生变化，可能造成荧光光谱的改变。

（3）荧光染料浓度的影响。在荧光染色过程中，必须确定所加的染料浓度是否与荧光强度有直接的比例关系。在溶液浓度较稀时，荧光强度与浓度呈正比关系，随浓度加大，荧光强度也加大。当染料达一定浓度时，不仅不会使荧光信号有相应的增加，反而会使荧光强度下降。

（4）杂质对细胞荧光染色的影响。杂质对荧光具有猝灭作用，如溴化物、碘化

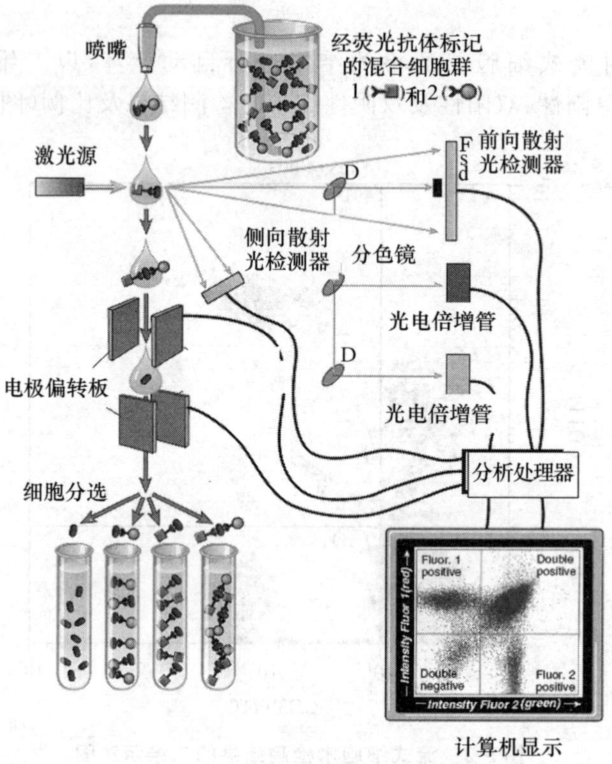

图 5-3 流式细胞仪工作原理

(引自 Abul K. Abbas, et al. Cellular and Molecular Immunology)

物、氨基苯、硝基苯、铁、银离子等，应尽量去除反应体系中的杂质。

【思考题】

1. 本实验中的 $CD4^+$ 的 T 细胞应该是二维图中的哪一部分细胞?

2. 怎样检测猪外周血 $CD4^+$ 及 $CD3^+$ T 细胞亚群的比例?

第十一节 免疫荧光技术

【实验目的】

学习并掌握免疫荧光技术检测抗原的基本原理及操作方法。

一、直接免疫荧光法测抗原

【实验原理】

将荧光素标记在相应的抗体上，直接与相应抗原反应。其优点是方法简便、特异性高，非特异性荧光染色少，相对使用标记抗体用量偏大。

【实验材料】

磷酸盐缓冲盐水(PBS)：0.01 mol/L，pH＝7.4；荧光标记的抗体溶液：以 0.01 mol/L，pH＝7.4 的 PBS 进行稀释；缓冲甘油：分析纯无荧光的甘油 9 份＋pH＝9.2 0.2 mol/L 碳酸盐缓冲液 1 份配制；搪瓷桶 3 只(内有 0.01 mol/L，pH＝7.4 的 PBS 1 500 mL)；湿盒；荧光显微镜；玻片架；滤纸；37℃温箱等。

【操作方法】

(1)滴加 0.01 mol/L，pH＝7.4 的 PBS 于待检标本片(组织切片或细胞涂片)上，10 min 后弃去，使标本保持一定湿度。

(2)滴加适当稀释的荧光标记的抗体溶液，使其完全覆盖标本，置于有盖湿盒内，孵育一定时间(参考：30 min)，此后步骤需避光操作。

(3)取出玻片，置玻片架上，先用 0.01 mol/L，pH＝7.4 的 PBS 冲洗后，再按顺序经过三缸 0.01 mol/L，pH＝7.4 的 PBS 浸泡，每缸 3～5 min，不时振荡。

(4)取出玻片，用滤纸吸去多余水分，但不使标本干燥，加一滴缓冲甘油，以盖玻片覆盖。

(5)立即用荧光显微镜观察。

【结果判定】

观察标本的特异性荧光强度，一般可用“＋”表示：

－无荧光；

±极弱的可疑荧光；

＋荧光较弱，但清楚可见；

＋＋荧光明亮；

＋＋＋——＋＋＋＋荧光闪亮。

待检标本特异性荧光染色强度达“＋＋”以上，而各种对照显示为(±)或(－)，即可判定为阳性。

【注意事项】

(1)对荧光标记的抗体的稀释,要保证抗体的蛋白有一定的浓度,一般稀释在1:(20～100),要自行摸索最佳梯度,建立最佳的稀释比例,抗体浓度过低,会导致产生的荧光过弱,影响结果的观察。

(2)染色的温度和时间需要根据各种不同的标本及抗原而变化,染色时间可以从10 min到数小时,一般选用30 min。染色温度多为室温(25℃左右),高于37℃可加强染色效果,但对不耐热的抗原(如流行性乙型脑炎病毒)可采用0～2℃的低温,延长染色时间。低温染色过夜较37℃ 30 min效果好。

(3)为了保证荧光染色的正确性,首次试验时需设置下述对照,以排除某些非特异性荧光染色的干扰。

①标本自发荧光对照:标本加1～2滴0.01 mol/L,pH=7.4的PBS。

②特异性对照(抑制试验):标本加未标记的特异性抗体,再加荧光标记的特异性抗体。如果标本自发荧光对照和特异性对照呈无荧光或弱荧光,待检标本呈强荧光,则为特异性阳性染色。

(4)一般标本在高压汞灯下照射超过3 min,就有荧光减弱现象,经荧光染色的标本最好在当天观察,随着时间的延长,荧光强度会逐渐下降。如需长时间观察或保留荧光染色图片,可在染色结束后在样本上滴加一滴封片剂,可延缓荧光衰减。

二、间接免疫荧光法测抗原

【实验原理】

染色程序分为两步,第一步,用已知未标记的抗体(待检标本)加到已知抗原(待检标本)标本上,在37℃湿盒中孵育30 min,使抗原抗体充分结合,然后洗涤,除去未结合的抗体。第二步,加上荧光标记的抗球蛋白抗体或抗IgG、IgM抗体(通常为荧光标记的对应二抗)。如果第一步发生了抗原抗体反应,荧光标记的二抗就会和已结合抗原的抗体进一步结合,从而可鉴定被检测抗原。

【实验材料】

磷酸盐缓冲盐水(PBS):0.01 mol/L,pH=7.4;一抗溶液:以0.01 mol/L,pH为7.4的PBS进行稀释;荧光标记的二抗溶液:以0.01 mol/L,pH为7.4的PBS进行稀释。缓冲甘油:分析纯无荧光的甘油9份+pH为9.2 0.2 mol/L碳酸盐缓冲液1份配制;搪瓷桶3只(内有0.01 mol/L,pH为7.4的PBS 1 500 mL);湿盒;荧光显微镜;玻片架;滤纸;37℃温箱等。

【操作方法】

(1)滴加 0.01 mol/L,pH 为 7.4 的 PBS 于未知抗原标本片,10 min 后弃去,使标本片保持一定湿度。

(2)滴加以 0.01 mol/L,pH 为 7.4 的 PBS 适当稀释抗体,覆盖未知抗原标本片。将玻片置于有盖搪瓷盒内,37℃保温 30 min。

(3)取出玻片,置于玻片架上,先用 0.01 mol/L,pH 为 7.4 的 PBS 冲洗 1～2 次,然后按顺序过 0.01 mol/L,pH 为 7.4 的 PBS 三缸浸泡,每缸 5 min,不时振荡。

(4)取出玻片,用滤纸吸去多余水分,但不使标本干燥,滴加 1 滴一定稀释度的荧光标记二抗,此后步骤需避光操作。

(5)将玻片平放在有盖搪瓷盒内,37℃保温 30 min。

(6)重复操作(3)。

(7)取出玻片,用滤纸吸去多余水分,滴加一滴缓冲甘油,再覆以盖玻片。

(8)荧光显微镜高倍视野下观察,结果判定同直接法。

【结果判定】

观察标本的特异性荧光强度,一般可用"＋"表示:

－无荧光;

±极弱的可疑荧光;

＋荧光较弱,但清楚可见;

＋＋荧光明亮;

＋＋＋——＋＋＋＋荧光闪亮。

待检标本特异性荧光染色强度达"＋＋"以上,而各种对照显示为(±)或(－),即可判定为阳性。

【注意事项】

(1)荧光染色后一般在 1 h 内完成观察,或于 4℃保存 4 h,时间过长,会使荧光减弱。如需长时间观察或保留荧光染色图片,可在染色结束后在样本上滴加 1 滴封片剂,可延缓荧光衰减。

(2)每次试验时,需设置以下两种对照。

①阴性对照:阴性血清＋荧光标记物(需有使用人员自行建立标准)。

②荧光标记物对照:PBS＋荧光标记物。

如果标本自发荧光对照和特异性对照呈无荧光或弱荧光,待检标本呈强荧光,则为特异性阳性染色。

(3)未知抗原标本片需在操作的各个步骤中，始终保持湿润，避免干燥。

(4)所滴加的抗体或荧光标记物，应始终保持在未知抗原标本片上，避免因放置不平使液体流失，从而造成非特异性荧光染色。

【思考题】

1.在染色过程中，该如何选择和搭配抗体？如果需要采用两种或两种以上荧光染色时，需要注意哪些因素？

2.哪些因素能影响荧光强度？如何避免影响因素？

第十二节　NK 细胞活性测定

【实验原理】

NK 细胞是一种异质性、多功能的细胞群，具有抗肿瘤、抗感染和免疫调节作用。NK 细胞不表达特异性抗原识别受体，不需抗原预先致敏即可直接杀伤靶细胞，也不需抗体或补体的参与，无 MHC 限制。可以用同种动物的肿瘤细胞系或病毒转化的细胞系作为检测 NK 细胞活性的靶细胞，如人 NK 细胞的活性测定常用 K562 细胞(人白血病细胞)，鼠 NK 细胞活性测定常用 YAC-1 细胞(鼠 T 淋巴瘤细胞)。

乳酸脱氢酶(lactate dehydrogenase，LDH) 是稳定的胞浆酶，存在于所有细胞中。正常情况下，LDH 不能透过细胞膜，当细胞受到杀伤后，LDH 释放到细胞外。释放出来的 LDH 氧化底物液中的乳酸盐生成丙酮酸盐，丙酮酸盐和碘化硝基四唑盐进一步反应生成水溶性的红色甲臜。培养液中的甲臜量与裂解的细胞数直接相关。通过检测细胞培养上清中 LDH 的活性，可判断细胞受损的程度，该方法灵敏、方便、精确。目前许多公司提供 LDH 细胞毒性检测试剂盒，适用于多种细胞毒性分析，如 CTL 细胞、NK 细胞杀伤活性测定。LDH 细胞毒性检测法可作为 ^{51}Cr 释放法的代替。

【实验目的】

了解 NK 细胞活性检测的方法及原理。

【实验材料】

(1)试剂与细胞。24～48 h 培养的 YAC-1 细胞为靶细胞；小鼠脾细胞为效应细胞；含 15%小牛血清的 RPMI-1640 营养液；0.5%台盼蓝；LDH 乳酸脱氢酶-细胞毒性检测分析试剂盒。

(2)仪器及用具。ELISA 仪；96 孔细胞培养板；CO_2 培养箱。

【操作方法】

(1)取经 24 h 培养的靶细胞,用完全 RPMI-1640 培养液洗涤 1 次,1 000 r/min 离心 6 min。去上清液,用完全 RPMI-1640 培养液重悬后计数,并用 0.5%台盼蓝染色检测活性,活细胞应大于 95%,调整细胞浓度至 1×10^5/mL 备用。

(2)按常规方法分离小鼠脾细胞,洗涤并用完全 RPMI-1640 培养液悬浮,计数后调整细胞浓度至 1×10^7/mL,制备效应细胞悬液。

(3)将效应细胞和靶细胞各 0.1 mL(效/靶比为 100 : 1)加入 40 孔细胞培养板,每份标本设 3 个复孔,同时设靶细胞自然释放对照组和最大释放对照组(0.1 mL 靶细胞+0.1 mL NP-40 液),低速离心 1 000 r/min 2 min 后,置 37℃ 5% CO_2温箱中培养 2 h。

(4)取出细胞板,从每孔中取出上清 0.1 mL,加于另一培养板孔中,置 37℃ 预温 10 min,每孔加入试剂盒中的底物溶液 0.1 mL,室温避光反应 10～15 min,每孔加入 1 mol/L 柠檬酸终止液 30 μL,以终止酶促反应。

(5)用酶联免疫检测仪在 570 nm 波长下读取 *A* 值,计算 NK 细胞活性。

【结果判定】

NK 细胞活性=(实验组 *A* 值－自然释放对照组 *A* 值)/(最大释放对照组 *A* 值－自然释放对照组 *A* 值)×100%。

【注意事项】

靶细胞的质量是影响自然释放率及实验稳定性的重要因素。一般要求靶细胞的自然释放率小于 10%。

【思考题】

LDH 检测 NK 细胞杀伤活性的原理是什么?

第十三节　巨噬细胞吞噬功能测定

免疫学研究中常用的小动物主要有小鼠、大鼠和豚鼠,实验中常采用这些动物的腹腔巨噬细胞,采用体内法或体外法进行功能检测;对于大动物,可在分离 PBMC 的基础上,进一步通过 PBMC 的体外培养,去掉未贴壁生长的淋巴细胞,即可得到合格的巨噬细胞进行试验;另外,猪肺泡巨噬细胞也可用于巨噬细胞功能检测。

【实验原理】

巨噬细胞对颗粒性物质(如细胞碎片、细菌等)具有强大的吞噬功能。将待测巨噬细胞与鸡红细胞、白色念珠菌或荧光微球等混合孵育一定时间后,颗粒物质被吞噬;也可将鸡红细胞注入活体小鼠腹腔一定时间后,取腹腔液检测巨噬细胞的吞噬功能。根据吞噬百分比和吞噬指数可反映吞噬细胞的吞噬功能。

【实验目的】

学会吞噬细胞功能测定的方法。

【实验材料】

(1)试剂。鸡红细胞;小鼠;瑞氏染色液;0.85%生理盐水;阿氏(Alsever)血液保存液;可溶性淀粉 6.0 g 加水 100 mL 煮沸备用。

(2)仪器及用具。显微镜;解剖盘;剪刀;镊子;注射器;载玻片;盖玻片;吸管。

【操作方法】

(1)从鸡翅下静脉采集鸡血,按 1∶5 的比例保存于阿氏保养液中,置 4℃冰箱可保存 1 个月。临用前,将鸡红细胞悬液用生理盐水洗涤 3 次(2 000 r/min 离心 5 min),弃上清液,用生理盐水配成 5%(V/V)鸡红细胞悬液。

(2)实验前 3 d,每天向小鼠腹腔注射 1 mL 可溶性淀粉。

(3)实验前 30 min,向腹腔内注射 0.5 mL 5%的鸡红细胞。2～3 h 后脱颈法处死小鼠,立即由腹腔注入 1 mL 生理盐水。轻揉小鼠腹部约 1 min,剪开腹部皮肤,肌肉层上开口,将滴管伸入腹腔吸出腹腔液,置于滴有肝素钠的离心管中混匀。

(4)在干净的载玻片上滴加一滴生理盐水,向其中滴加 1 滴腹腔液,静置 10 min,使腹水细胞贴壁,弃去生理盐水,待其稍干后,瑞氏染色 5～10 min。

(5)油镜下计数吞噬百分率及吞噬指数,判断吞噬细胞的吞噬与消化功能。

【结果判定】

吞噬百分率为巨噬细胞中吞噬红细胞的巨噬细胞所占的比率;吞噬指数为平均每个巨噬细胞吞噬红细胞的数量。

【注意事项】

由于检测的是巨噬细胞的吞噬功能,需要巨噬细胞具有很好的活性,因此细胞分离时应注意操作,防止污染。

【思考题】

设计实验,体外检测巨噬细胞的吞噬功能。

第十四节　ELISA 检测细胞因子含量

【实验原理】

将细胞因子作为抗原,用针对某种细胞因子的特异性抗体进行定量检测。常用双抗体夹心 ELISA 法检测待测样品中细胞因子的含量。选用 2 株针对某种细胞因子不同位点的单克隆抗体,即 McAb1(包被抗体)与 McAb2(酶标抗体)。先用 McAb1 包被固相载体,加入待测样品,使待测细胞因子与之特异性结合,然后加入辣根过氧化物酶(hydrogen-peroxide oxidoreductase,HRP)标记的 McAb2,则形成 McAb1-细胞因子-HRP-McAb2 复合物,再加入 HRP 底物,则酶催化底物显色。测定样品与标准品 OD 值,绘制标准曲线,即可从标准曲线中查得待测样品中细胞因子的含量。本实验用 ELISA 方法检测猪血清中 IL-2 的含量。

【实验目的】

学会细胞因子检测的免疫学方法。

【实验材料】

(1)试剂。猪血清;猪 IL-2 的 ELISA 检测试剂盒。

(2)仪器及用具。ELISA 板;ELISA 仪;微量加样器。

【操作方法】

(1)将针对猪 IL-2 的 McAb 包被酶标板,每孔 100 μL,4℃过夜。

(2)洗涤后,用明胶封闭 30 min。

(3)加入系列稀释的猪 IL-2 标准品及待检猪血清,每孔 100 μL,孵育 30 min 后洗涤。

(4)加入 HRP 标记的 McAb2,每孔 100 μL,继续孵育 30 min。

(5)洗涤后,加入 TMB 底物溶液,每孔 100 μL,室温避光显色 15 min。

(6)用 H_2SO_4 终止,每孔 50 μL,测定 A_{450}。

【结果判定】

以标准品浓度为横坐标,A 值为纵坐标,绘制标准曲线。通过待测样本的 A

值即可从标准曲线上查出待检猪血清中 IL-2 的浓度。

【思考题】

1. 夹心 ELISA 检测细胞因子的含量有什么优点？

2. 如果一抗用的是多克隆抗体，检测结果会有什么误差？

第十五节 间接免疫荧光技术检测淋巴细胞亚群

【实验原理】

首先用抗特定 CD 的 McAb 与淋巴细胞发生反应，再加入荧光素标记的羊(或兔)抗鼠 IgG 作为第二抗体。在荧光显微镜下，结合有荧光素标记抗体的细胞在黑暗背景下发出荧光，凡是呈现特异性荧光的细胞即为阳性细胞。通过计数阳性细胞，从而确定 T 细胞各个亚群的百分率。

【实验目的】

学会荧光抗体技术检测淋巴细胞亚群的方法。

【实验材料】

(1)试剂。125～250 U/mL 肝素钠溶液；淋巴细胞分层液(比重为 1.077 g/mL)；抗猪 CD3、CD4、CD8 的单克隆抗体；FITC 的羊抗鼠 IgG；Hank's 液和 RPMI-1640 营养液；固定液(甲醇：丙酮为 1：1，－20℃预冷)；兔血清；PBS 缓冲液。

(2)仪器及用具。荧光显微镜；水平式离心机；载玻片；试管；微量加样器。

【操作方法】

(1)采集猪血，用肝素抗凝，按常规方法分离 PBMC，用 Hank's 液离心洗涤 3 次。

(2)用 RPMI-1640 营养液调整细胞浓度为 1.5×10^6/mL。

(3)将细胞均匀涂抹到载玻片上，用预冷的固定液固定细胞 10 min，自然干燥。

(4)在 PBS 液中浸洗玻片 10 min，将玻片置于 20％正常兔血清中 30 min，封闭。

(5)用微量加样器在不同的玻片上分别滴加抗 CD3、CD4 及 CD8 的 McAb，37℃孵育 45 min。用 PBS 洗涤 3 次，每次 10 min。

(6)滴加 FITC 标记的羊抗鼠 IgG,37℃反应 30 min,PBS 洗涤后,用缓冲甘油封片,在荧光显微镜下用高倍镜观察。

【结果判定】

先在普通光源下观察并计数视野中淋巴细胞总数,再用紫外光源计数同一视野中的荧光阳性细胞数,计算百分率。分别计数 200 个细胞,记录荧光阳性细胞数(细胞膜上呈现点状或帽状黄绿色荧光的细胞),然后分别计算出各淋巴细胞亚群的百分率。

【注意事项】

(1)一般标本在高压汞灯下照射超过 3 min,就有荧光减弱现象,经荧光染色的标本最好在当天观察,随着时间的延长,荧光强度会逐渐下降。

(2)尽量减少非特异性荧光干扰。该法非特异性荧光来源较多,实验前应对各种抗体,尤其是第二抗体的浓度进行预实验,以确定最佳抗体浓度。

(3)结果判定时,应注意观察阳性对照管,排除假阳性。

【思考题】

间接免疫荧光法及流式细胞术检测淋巴细胞亚群各有什么特点?

实验六　免疫组织化学技术

第一节　组织的固定与取材

【实验目的】

了解掌握组织固定与取材的目的方法及操作。

【实验原理】

1. 固定

(1)防止组织溶解及腐败,以保持组织和细胞与正常生活时的形态相似。

(2)使细胞内蛋白质、脂肪、糖、酶等各种成分转变为不溶性物质,以保持它原有的结构与生活时的相仿。

(3)组织细胞内的不同物质经固定后可以产生不同的折光率,对染料也产生不同的亲和力,造成光学上的差异,使得在生活情况下原来看不清楚的结构变得清晰起来,并使得细胞各部分容易着色,有利于区别不同的组织成分。

(4)固定剂的硬化作用,增加组织硬度,便于制片。

2. 取材

取材一定要迅速,应在动物处死后立即进行解剖和切取组织材料,否则会引起细胞发生死后变化(如组织自溶及腐败现象等),进而失去原有的结构,如果进行酶组化染色,将会使大量的酶失活和丢失。

【操作方法】

1. 固定的对象和方法

(1)固定的主要对象是蛋白质。

(2)固定液的量要足够,其固定液的量一般不少于组织总体积的 10 倍以上(一般为 1∶20)。对于某些需要制作神经染色和酶组织化学染色的组织固定,比一般的固定要严格。

(3)特殊的固定方法(注射或灌注固定)。某些组织块由于体积过大或固定液极难渗入内部或需要对整个脏器或整个动物进行固定，宜采用此方法，将固定液注入血管，经血管分支到整个组织和全身，从而得到充分固定。

①局部灌注固定。

肺：肺内含有空气，固定难以渗入，可将固定液从气管、支气管或肺动脉注入固定液，从支气管注入时速度一定要慢，量不宜过多。注射固定后可将整个肺投入固定液中 6～12 h，再分别切成小块。

肝、肾：经肝动脉或肾动脉注入固定液。

脑：动物麻醉后暴露颈动脉，以注射针尖向着头部的方向注入固定液。

②全身灌注固定。

步骤：取大白鼠，1%戊巴比妥钠麻醉，打开胸、腹腔，纵向切开心包，用纱线在主动脉弓起始部，然后用 50 mL 注射器，选用适当针头，从左心室向主动脉方向刺入，将纱线扎紧固定，在右心房开一孔放血，取用与动物等量的生理盐水注入血管中洗涤，待洗涤处的液体不见血时，再注入固定液。待动物体有一定硬度时即可取材，将所需组织从动物身上切去后，经适当处理，即投入固定液中（甲醛或多聚甲醛）。

2. 固定液的性质和条件

(1)能迅速渗入组织，使组织细胞形态在短期内不至于有较大变化。

(2)固定液有相当的渗透力，对组织各部分的渗透力相等，可使组织内外完全固定。

(3)使组织细胞不至于因固定而引起人为的改变。

(4)尽可能避免固定剂使组织膨胀或收缩。

(5)使组织达到一定硬度，获得较佳的折光率和对染料具有较强的亲和力。

【注意事项】

1. 取材

(1)取材用的刀剪必须锋利，取材时应用镊子夹该组织的周围的结缔组织，凡是用镊子夹过的或用手压过的组织均不可用。

(2)根据实验要求选择不同的取材方法（整体取出脏器法、单个脏器取出法和切取组织块法等）。

(3)取材的先后顺序原则。根据死后组织结构改变的速度的快慢而定，先腹腔后胸腔，先消化管后肝、脾等多血的器官及神经组织。

(4)取材组织块的大小既要保证组织的完整性，又要力求小而薄，一般以 1.0 cm×

1.0 cm×0.5 cm 为好，但有些特殊要求的可视情况而定。

(5)较小的组织或器官(淋巴结、松果体、脑垂体和神经节等)应整体固定，但要破坏其表面一侧的被膜。

(6)管状及囊状组织(消化管的取材)都不应斜切，先将一段肠管或食管剪下，从中剪开管腔，使之呈片状，然后将其铺在纸板下，黏膜面朝上，用大头针或细线将四边固定，用生理盐水漂洗黏膜表面，然后固定。

(7)较细的管状脏器(输尿管、输精管、输卵管、中动脉和静脉等)应取下 1～2 cm 长，平铺于硬纸片上或吸水纸上分段固定。

(8)取材要尽量注意脏器的完整性。

(9)应根据所要观察的部位及实验目的进行选择组织的切面。对于病理材料，除切取病变部位外，还要切取病变和正常组织交界部分的区域，以利于进行正常组织与病理组织的对比观察分析。

(10)取材时要注明取材时间、组织器官名称、固定液名称、组织块的数量、所取组织位于器官的部位等，以备查。

2. 固定

(1)固定液及被固定的组织必须新鲜。

(2)固定液的用量一般为组织体积的 10～20 倍，容器不要过小，材料也不要太多；应避免组织紧贴瓶底或瓶壁，以免影响固定液的渗入，必要的时候可以在瓶底垫上一层棉花。

(3)固定时间视组织块的种类、性质、大小，固定液的种类、性质、渗透力的强弱，固定时的温度的高低，实验目的等。

(4)防止被固定的组织因固定剂的作用而发生变形。

(5)固定所用的固定液，以新配的为好，放置过久会失效。

(6)在固定期间摇动组织或摇动容器有利于固定液的渗入，对长期固定的标本，可经常更换固定液。

(7)取材固定应同时做好记录，包括组织名称、固定液和时间等内容。

【思考题】

1. 取材的基本要求是什么？

2. 常用的固定方法有哪些？

第二节　组织脱水、透明、浸蜡和包埋

【实验目的】

了解掌握组织切片技术(石蜡切片)的目的原理及基本操作流程。

【实验原理】

(1)脱水。组织内的水不能和支持剂混合,所以必须把组织中的水分彻底脱除。脱水有利于组织的透明和浸蜡,有利于组织的永久保存。

(2)透明。置换组织内的脱水剂,为下一步的浸蜡起到桥梁作用;使组织呈现不同程度的透明状态,有利于光线的透过。

(3)浸蜡。置换组织中的透明剂,为包埋做准备。

(4)包埋。将浸蜡的组织块埋置于石蜡内,制成蜡块。

【操作方法】

1. 脱水

(1)脱水剂。

①乙醇。可作固定剂,又可脱水剂,但乙醇与水混合时有较剧烈的物理反应。高浓度的酒精对组织有强烈收缩及脆化的缺点,因此用乙醇脱水不能直接入纯酒精中脱水,而必须经过由高到低的一系列不同浓度的酒精,逐渐取代组织中水分,以保证组织脱水彻底,并避免组织过度收缩和硬化。

②丙酮。脱水能力比酒精强,但对组织的收缩更大,在组织学制片中较少使用,多用于病理快速切片,或用于某些组化水解酶的固定。

③正丁醇。它是较好的脱水兼透明剂,可与酒精及石蜡混合,用于脱水是可先经过各种不同浓度的正丁醇和乙醇混合液,再入正丁醇,进行石蜡包埋时,可先用正丁醇和石蜡等量混合液,然后浸入纯石蜡包埋,正丁醇用于脱水的优点是很少引起组织收缩和脆硬,可替代二甲苯,是很好的脱水剂,但由于价格较贵,不常使用。

(2)步骤。

①乙醇脱水过程。

50%乙醇 6~8 h

75%乙醇 6~8 h

85%乙醇 3~5 h

95%乙醇 1~2 h

95%乙醇 1～2 h

100%乙醇Ⅰ 1 h

100%乙醇Ⅱ 1 h

②丙酮脱水。如果是丙酮固定的组织，则不必再经过乙醇，可以用新丙酮更换一次，便直接浸入二甲苯或苯中透明。其他水溶液固定的组织，均按上述乙醇脱水方法脱水，亦可由100%乙醇中移入丙酮继续脱水2～4 h再入二甲苯透明，透明后浸蜡包埋。

③正丁醇脱水。组织用正丁醇脱水前，先经50%乙醇脱水，然后移入正丁醇和乙醇混合液进行脱水。

50%乙醇 6～12 h

50%乙醇＋20%正丁醇＋30%蒸馏水 5～8 h

50%乙醇＋35%正丁醇＋15%蒸馏水 4～6 h

45%乙醇＋45%正丁醇＋10%蒸馏水 3～5 h

25%乙醇＋75%正丁醇 2～3 h

25%乙醇＋75%正丁醇 1～2 h

15%乙醇＋85%正丁醇 1～2 h

5%乙醇＋95%正丁醇 1～2 h

100%正丁醇Ⅰ 1 h

100%正丁醇Ⅱ 1 h

2. 透明

(1)透明剂。

①二甲苯。它是现在应用最广的一种透明剂，价格较便宜，不能和水混合，遇水则变成乳白色混浊，因此必须完全脱水后才能使用；易溶于酒精又能溶解石蜡，透明力强；其最大的缺点是容易使组织收缩变硬变脆，所以组织不能在其停留过久，透明时间视组织块的大小、性质而定；有的组织如肌肉、肌腱、软骨、骨、皮肤、头皮及眼球等，不宜用二甲苯透明，因组织过硬不易切片；长时间接触，对黏膜有刺激作用。

②苯。性质与二甲苯相似，对组织收缩也较小，组织也不易变脆，但透明较慢，组织在其内可以滞留12～24 h，但毒性较大。

③香柏油。用为透明剂，效果很好，有高度透明作用，能与醇和二甲苯混合，香柏油对组织的硬化及收缩程度比任何其他透明剂都要小，但透明的速度较慢，3 mm以下厚度的组织块需12 h以上。香柏油与石蜡不易融合，即香柏油不易被石蜡取代，因此经香柏油透明以后，可经过二甲苯短时间媒浸，再进行石蜡包埋。

肌肉、皮肤、血管、膀胱、垂体及肾上腺等用香柏油效果较好。

(2)二甲苯透明的步骤：两次透明。

第一次透明约 40 min。

第二次时间不一定，要视透明效果而定。

3. 浸蜡

在 60℃恒温蜡箱中放置 3 个蜡杯，分别编号 1(52～54℃)、2(52～54℃，或 54～56℃)、3(56～58℃)，其中分别盛软蜡、软蜡、硬蜡，取透明好的组织块放入软蜡中各 1 h，迅速取出放入硬蜡，同样放置 1 h。如果时间来不及包埋，可以将已经完成浸蜡的组织块取出放在温箱外，第 2 天继续。

4. 包埋

①准备包埋蜡：一般应用硬蜡(56～58℃或 60～62℃)为好，所用的石蜡要求透明无杂质，新的石蜡要反复熔凝，并有一定的黏韧性，可以加一些蜂蜡。蜡的熔点应与组织的硬度相适应。包埋用过的石蜡可以反复使用。

②准备包埋框：可以用金属的，也可以用硬纸折叠。

③点燃酒精灯，准备好无齿尖镊子，需做标记应先写好标签。

④在金属框中倒入硬蜡，然后用无齿镊子取组织块放入石蜡中，置好方向。可室温下冷却。

⑤包埋框或纸盒内的蜡逐渐凝结，若表面已凝结形成一层固体状，即可放入冷水中，加速其凝固。

⑥待蜡块完全凝固以后，便可拆卸包埋框架，或拆开纸盒，取出蜡块。

【注意事项】

1. 脱水

(1)脱水的过程应逐步地而不应骤然地进行，不能操之过急。

(2)脱水的时间应根据组织块的大小和组织的类型而定。

(3)组织块在高浓度，特别是无水乙醇内不能放置的时间太长。无水乙醇吸水能力太强，容易造成组织块的过度硬化，使得切片理组织易碎裂。

(4)在脱水的过程中可以将组织块停留在 70%～80%的酒精中。

(5)每次更换新的脱水剂时(组织块从低浓度到高浓度)，都要把组织块放在吸水纸上吸干，装组织块的容器也要控干水分，以免将水及低浓度脱水剂带入高浓度脱水剂中，影响脱水效果。

(6)脱水剂的选择要根据实验的要求及实验室的条件。

2. 透明

(1)时间不宜过长,否则组织会变脆。

(2)组织块脱水必须彻底。

3. 浸蜡

温箱中的温度必须严格控制在60℃以内,不能超过60℃;浸蜡时间不宜过长。浸蜡温度过高或时间过长会使组织过度收缩和脆变。

4. 包埋(石蜡包埋法)

(1)包埋时夹取组织的镊子,用酒精灯随时烧热,以免石蜡凝结后黏附在镊子上,造成蜡块凝固不均匀。

(2)包埋操作要迅速,组织从浸蜡杯中取出置入包埋框中的时间应尽量缩短。

(3)包埋后的蜡块应呈均质半透明状,如果出现白色混浊状,一般出现在组织周围或组织的底部,应考虑这样几个方面的问题:①脱水不彻底。②包埋蜡温度低了,组织进行包埋时,包埋框中的蜡已成凝结状。③组织内还残留有较多的透明剂。④石蜡不纯。

(4)包埋箱中的温度必须保持恒定。

(5)如包埋得不好,可将蜡块熔化,重新浸蜡和包埋。

【思考题】

1. 试述组织脱水与透明的重要性。

2. 蜡块怎样保存?

第三节 石蜡切片制备

【实验目的】

了解并掌握石蜡切片的基本操作方法。

【操作方法】

(一)石蜡切片前的准备

(1)切片刀。传统的切片刀在使用之前,一定要在显微镜下检查刀口的损伤程度,然后进行磨刀。现在也可以使用一次性刀片,可省去磨刀。

(2)修整蜡块。切去组织周围过多的石蜡，一般情况下在组织周围留有1～2 mm的石蜡边，两边必须平行。

(3)蜡块固定。修整好的蜡块先固定在事先准备好的小方木块或者金属块上，固定方法是把蜡铲先在酒精灯上加热，再将蜡块底部烙熔，迅速烙粘在小方木块或金属块底座上。

(4)载玻片擦洗干净后，在其表面涂上黏附剂(蛋白甘油、APES或多聚赖氨酸)，根据染色方法选择不同的黏附剂。

(5)准备好毛笔、镊子、染色架。

(6)调好展片器内水的温度(45℃)，有时也可以加些酒精到水中。

(二)石蜡切片

(1)将切片刀装在刀片机的刀架上并固定紧，固定蜡块底座或蜡块，调整蜡块与刀至合适位置，刀刃与蜡块表面呈5°角。

(2)切片多使用轮转式切片机，切片时，左手执毛笔，右手转切片机转轮，先修出组织块。

(3)调整切片机上的切片厚度为4～7 μm，然后切片。

(4)切片可以是单张，也可以是连续切片形成蜡带。

(5)展片和捞片。

①直接展片法。在载玻片上滴加几滴蒸馏水，然后把切片铺在小滴上面，用酒精灯在载玻片下面加热，待完全展平，倾斜载玻片，倒弃多余水分，同时摆正切片。

②温水漂浮法。此法用展片机或者用恒温水浴箱，先使水温保持在45～50℃，用左手拿毛笔轻轻托起切片，用右手用眼科镊子夹起切片的一角，正面向上轻轻平铺放置于展片器的水面上，动作要轻快，切好的石蜡切片漂浮在温水中受热后及在表面张力的作用会自然平整地展开，必要时可用眼科镊轻轻拨开，然后捞片，并及时编号。

(6)展好的切片在室温下稍微干燥后，放在40℃恒温烤箱中，小片组织30 min即可，大的需12～24 h，烤干备用。

【注意事项】

(1)切片刀刃倾斜过大或过小都不能正常进行切片。

(2)修整蜡块时要细心，看清楚组织在蜡块中的位置，以免将需要的组织修掉。

(3)连续转动切片机的转轮时，速度一定要均匀，不能时快时慢，以免切片厚薄不一。

(4)使用轮转式切片机切片时，是由下向上切，为得到定然整的切片，防止组织出现刀纹裂缝，应将组织硬、脆难切的部分放在上端，如皮肤应将表皮部分向上，肠胃等组织应将浆膜面面朝上。

(5)用展片器展片时，水温应根据使用的石蜡熔点进行调整，一般低于石蜡熔点 10～15℃；捞片的时候动作要轻、稍快。动作太大容易出现气泡。如果没有展片器可以用温水浴锅来代替。

(6)单个切片要摆到载玻片的 1/3 与 2/3 交界处；连续切片的粘片顺序一般是从左到右，组织切片较小时，可以并列粘贴 2～3 条蜡带。

(7)烤片的温度不宜过高；烤片的时间要合适。脑组织要待稍微晾干一些后，才能烤片，否则容易产生气泡影响染色和观察。

【思考题】

造成切片不完整的因素有哪些?

第四节　免疫组织化学技术

【实验目的】

了解并掌握免疫组织化学技术的基本原理和基本方法。

【实验原理】

免疫组化是应用免疫学基本原理——抗原抗体反应，即抗原与抗体特异性结合的原理，通过化学反应使标记抗体的显色剂（荧光素、酶、金属离子、同位素）显色来确定组织细胞内抗原(多肽和蛋白质)，对其进行定位、定性及定量的研究，称为免疫组织化学技术(immunohistochemistry)或免疫细胞化学技术(immunocytochemistry)。

众所周知，抗体与抗原之间的结合具有高度的特异性。免疫组化正是利用这一特性，即先将组织或细胞中的某些化学物质提取出来，以其作为抗原或半抗原去免疫小鼠等实验动物，制备特异性抗体，再用这种抗体(第一抗体)作为抗原去免疫动物制备第二抗体，并用某种酶(常用辣根过氧化物酶)或生物素等处理后再与前述抗原成分结合，将抗原放大，由于抗体与抗原结合后形成的免疫复合物是无色的，因此，还必须借助于组织化学方法将抗原抗体反应部位显示出来(常用显色剂

DAB显示为棕黄色颗粒)。通过抗原抗体反应及呈色反应,显示细胞或组织中的化学成分,在显微镜下可清晰看见细胞内发生的抗原抗体反应产物,从而能够在细胞或组织原位确定某些化学成分的分布、含量。组织或细胞中凡是能作抗原或半抗原的物质,如蛋白质、多肽、氨基酸、多糖、磷脂、受体、酶、激素、核酸及病原体等都可用相应的特异性抗体进行检测。

免疫组织化学技术按照标记物的种类可分为免疫荧光法、免疫酶法、免疫铁蛋白法、免疫金法及放射免疫自影法等。

用于病理诊断的主要有免疫荧光法和免疫酶法。免疫荧光法是现代生物学和医学中广泛应用的方法之一,包括荧光抗体和荧光抗原技术,具有抗原抗体反应的特异性,染色技术的快速性,在细胞或组织上定位的准确性,以及荧光效应的灵敏性等优势。但是,由于免疫荧光法必须具有荧光显微镜,荧光强度随时间的延长而逐渐消退,结果不易长期保存等缺点,在普及应用上受到一定限制,而逐渐被免疫酶法所取代。

【实验材料】

1. 仪器设备

①18 cm不锈钢高压锅或电炉或医用微波炉。②水浴锅。

2. 试剂

PBS缓冲液(pH为7.2~7.4):NaCl 137 mmol/L,KCl 2.7 mmol/L,Na_2HPO_4 4.3 mmol/L,KH_2PO_4 1.4 mmol/L。

0.01 mol/L柠檬酸盐缓冲液(CB,pH为6.0,1 000 mL):柠檬酸三钠3 g,柠檬酸0.4 g。

0.5 mol/L EDTA缓冲液(pH=8.0):700 mL水中溶解186.1 g EDTA·$2H_2O$,用10 mmol/L NaOH调至pH为8.0,加水至1 000 mL。

1 mol/L的TBS缓冲液(pH=8.0):在800 mL水中溶解121 g Tris碱,用1 mol/L的HCl调至pH为8.0,加水至1 000 mL。

酶消化液:①0.1%胰蛋白酶液:用0.1% $CaCl_2$(pH=7.8)配制。②0.4%胃蛋白酶液:用0.1 mol/L的HCl配制。

3%甲醇—H_2O_2溶液:用30% H_2O_2和80%甲醇溶液配制。

封裱剂:①甘油和0.5 m mol/L碳酸盐缓冲液(pH为9.0~9.5)等量混合。②油和TBS(或PBS)配制。

TBS/PBS pH为9.0~9.5,适用于荧光显微镜标本;pH为7.0~7.4适合于光学显微镜标本。

【操作方法】

1. 脱蜡和水化

脱蜡前，应将组织芯片在室温中放置 60 min 或 60℃恒温箱中烘烤 20 min。

(1)组织芯片置于二甲苯中浸泡 10 min，更换二甲苯后再浸泡 10 min。

(2)无水乙醇中浸泡 5 min。

(3)95%乙醇中浸泡 5 min。

(4)70%乙醇中浸泡 5 min。

2. 抗原修复

用于福尔马林固定的石蜡包埋组织芯片。

(1)抗原热修复。在沸水中加入 EDTA(pH 为 8.0)或 0.01 mol/L 枸橼酸钠缓冲溶液(pH 为 6.0)。盖上不锈钢高压锅的盖子，但不进行锁定。将玻片置于金属染色架上，缓慢加压，使玻片在缓冲液中浸泡 5 min，然后将盖子锁定，小阀门将会升起来。10 min 后，去除热源，置入凉水中，当小阀门沉下去后打开盖子。本方法适用于较难检测或核抗原的抗原修复。

(2)煮沸热修复。电炉或者水浴锅加热 0.01 mol/L 枸橼酸钠缓冲溶液(pH 为 6.0)至 95℃左右，放入组织芯片加热 10～15 min。

(3)微波热修复。在微波炉里加热 0.01 mol/L 枸橼酸钠缓冲溶液(pH 为 6.0)至沸腾后将组织芯片放入，断电，间隔 5～10 min，反复 1～2 次。适用的抗原有：AR，Bax，Bcl-2，C-fos，X-jun，C-kit，C-myc，E-cadherin，Chromogranin A，Cyclin，ER，Heat shock protein，HPV，Ki-67，MDMZ，p53，p34，p16，p15，P-glycoprotein，PKC，PR，PCNA，ras，Rb，Topoismerase Ⅱ 等。

(4)酶消化方法。常用 0.1%胰蛋白酶和 0.4%胃蛋白酶液。胰蛋白酶使用前预热至 37℃，切片也预热至 37℃，消化时间为 5～30 min；胃蛋白酶消化 37℃时间为 30 min。适用于被固定遮蔽的抗原，其中有：Collagen，Complement，Cytokeratin，C-erB-2，GFAP，LCA，LN 等。

3. 免疫组织化学染色

(1)SP 法。

①脱蜡、水化。

②PBS 洗 2～3 次各 5 min。

③3% H_2O_2(80%甲醇)滴加在 TMA 上，室温静置 10 min。

④PBS洗2～3次各5 min。

⑤抗原修复。

⑥PBS洗2～3次各5 min。

⑦滴加正常山羊血清封闭液，室温20 min。甩去多余液体。

⑧滴加一抗50 μL，室温静置1 h或者4℃过夜或者37℃ 1 h。

⑨4℃过夜后需在37℃复温45 min。

⑩PBS洗3次各5 min。

⑪滴加Ⅱ抗40～50 μL，室温静置，或37℃ 1 h。

⑫Ⅱ抗中可加入0.05%的tween-20。

⑬PBS洗3次各5 min。

⑭DAB显色5～10 min，在显微镜下掌握染色程度。

⑮PBS或自来水冲洗10 min。

⑯苏木精复染2 min，盐酸酒精分化。

⑰自来水冲洗10～15 min。

⑱脱水、透明、封片、镜检。

(2)SABC法。

①脱蜡、水化。

②PBS洗两次各5 min。

③用蒸馏水或PBS配置新鲜的3% H_2O_2，室温封闭5～10 min，蒸馏水洗3次。

④抗原修复。

⑤PBS洗5 min。

⑥滴加正常山羊血清封闭液（5% BAS是封闭液），室温20 min。甩去多余液体。

⑦滴加Ⅰ抗，室温1 h或者4℃过夜或者37℃ 1 h(4℃过夜后在37℃复温45 min)。

⑧PBS洗3次每次2 min。

⑨滴加生物素化二抗，20～37℃ 20 min。

⑩PBC洗3次每次2 min。

⑪滴加试剂SABC，20～37℃ 20 min。

⑫PBS洗4次每次5 min。

⑬DAB显色：DAB显色试剂盒或者自配显色剂显色（镜下掌握显色程度）。

⑭蒸馏水洗。苏木素复染2 min、盐酸酒精分化。

⑮脱水、透明、封片、镜检。

【注意事项】

(1)脱片问题。Poly-L-Lysine(多聚赖氨酸)为目前免疫组化染色工作中最常用的一种防脱片剂,6 mL 的多聚赖氨酸溶液可按 1∶10 稀释成 60 mL 的工作液,适合于需要酶消化、微波、高温高压的防脱片处理。如不行,可用双重处理(APES 和 Poly-L-Lysine)的切片。在以上两种条件都行不通的情况下,可用如下方法:切片在脱蜡前,放在 APES 1∶50 丙酮溶液中浸泡 3 min,晾干,即可进行下一步。

(2)灭活内源性酶。HRP 系统:3%双氧水灭活;AP 系统:3%HAc 灭活。

(3)暴露抗原。对于石蜡切片的免疫组化实验时,必须采用高温加热抗原修复,这将有助于暴露抗原决定簇,从而增加免疫组化染色的强度(不同抗体的最佳修复液请参阅抗体说明书)。对于不同的组织,不同的抗原,不同的抗体,所采用的方法应不一样,可进行热修复、胰酶消化、既不修复也不消化。胶原还可以用胃蛋白酶消化等。

(4)封闭。在山羊血清封闭,非特异性染色仍然较强时,可延长封闭时间或用浓缩血清封闭。

(5)抗体稀释。应遵循“现用现配”的原则,对于 PBS 稀释的抗体一定要当天使用。

(6)背景高。在抗体浓度、反应时间、反应温度等合适的条件下,如果背景依旧高,可采用含 1‰ tween-20 的 PBS 洗,特别是在显色之前要多洗。

(7)返蓝。在苏木素复染后,可用碱性缓冲液(如 PBS)或 Na_2HPO_4 的饱和溶液返蓝。

(8)显色。一定要在显微镜下观察,注意控制背景。

(9)在整个操作过程中,切片千万不能干燥,否则会有非特异性染色。

【思考题】

1. 烤片时间太长或温度太高有何影响?

2. 出现假阴性的原因是什么?

实验七　免疫血清学技术

第一节　平板凝集实验

【实验目的】

掌握玻板凝集实验的操作技术及结果判定。

【实验原理】

细菌、螺旋体、红细胞等颗粒性抗原直接与相应抗体结合后，在有适量电解质存在下，抗原颗粒可相互凝集成肉眼可见的凝集小块，从而能对待测抗原或待测抗体进行定性测定。参与反应的抗原称为凝集原，抗体称为凝集素。此法操作简便，便于基层诊断工作应用。

【实验材料】

以鸡白痢平板凝集实验为例，鸡白痢沙门氏菌玻板凝集阳性抗原、鸡白痢沙门氏菌标准阳性血清、鸡白痢沙门氏菌标准阴性血清（生物公司购得）、待检鸡血清（或全血）、玻板（或载玻片）、微量移液器（刻度吸管）、吸头、牙签等。

【操作方法】

（1）取洁净的玻板，画出 3 cm 见方的小格，用微量加样器取 3 滴（每滴 10～20 μL）鸡白痢阳性抗原于小格中心。

（2）再分别取鸡白痢阳性血清、鸡白痢阴性血清、待检鸡血清（或用采血针刺破鸡冠或翅静脉采集全血）各 1 滴，分别滴加于上述 3 滴抗原旁边，立即用牙签充分混匀。

（3）将玻板做回旋摇动，2 min 内观察反应。

【结果判定】

在阳性血清与阳性抗原出现明显凝集颗粒（凝集成片状或较大颗粒，液体变透明；凝集片首先出现在边缘部分，并较明显），阴性血清与阳性抗原之间仍均匀混浊的前提下，待测鸡血清若与阳性抗原出现明显凝集颗粒，则判为阳性；如均匀混浊，则判为阴性；介于二者之间者，判为可疑。

【注意事项】

(1)抗原用前置室温充分混匀，每次实验须设立标准阴、阳性血清对照。

(2)不同检样要更换牙签。

(3)本实验应在 20～25℃的室温下进行。

(4)阴阳性对照成立结果才能判定。

【思考题】

1. 采用全血平板凝集实验检测时应注意哪些问题？

2. 全血平板凝集反应和血清平板凝集反应哪个更准确？

第二节 双向琼扩实验

【实验目的】

掌握双向琼脂扩散实验的操作方法和判定标准。

【实验原理】

双向琼扩实验是沉淀反应的一种形式，是指可溶性抗原抗体在琼脂凝胶内相向扩散，特异性的抗原抗体在两孔之间比例最合适的位置上相遇后，形成肉眼可见的沉淀线。

琼脂是一种含有硫酸基的多糖体，高温时能溶于水，冷却后凝固，形成凝胶。琼脂凝胶呈多孔结构，孔内充满水分。1%的琼脂凝胶的孔径约为 85 nm，因此可允许各种抗原抗体在琼脂凝胶中自由扩散，二者在琼脂凝胶中相遇，在最适比例处结合成复合物，此复合物因颗粒较大而不能扩散，故形成沉淀带。

一种抗原抗体系统只出现一条沉淀带，复合物抗原中的多种抗原抗体系统均可根据自己的浓度、扩散系数、最适比等因素形成自己的沉淀带。本法的主要优点是能将某种复合的抗原成分加以区分，根据沉淀带出现的数目、位置以及相邻两条沉淀带之间的融合、交叉、分支等情况，就可了解该复合抗原的组成及相互关系。

本实验既可用已知抗体检测样品中的抗原，也可用已知抗原检测血清样品中的抗体。

【实验材料】

以鸡传染性法氏囊琼脂双向扩散为例，优质琼脂粉、平皿、梅花打孔器、鸡传染性法氏囊抗原、鸡传染性法氏囊标准阳性血清、鸡传染性法氏囊标准阴性血清、鸡待检血清、微量移液器、吸头、酒精灯、针头或牙签等。

【操作方法】

(1)琼扩板的制备。称取 1 g 琼脂粉，加至 100 mL 8.5%的高渗盐水中，煮沸使之溶解。待溶解的琼脂温度降至 55℃左右时倒入平皿，厚约 3 mm。

(2)打孔。待凝固后，在琼脂凝胶上打梅花孔，孔径为 2 mm，中间孔和周围孔间的距离大约为 3 mm，用针头或牙签挑出孔内琼脂(图 7-1)。

(3)封底。将琼脂板底部在酒精灯火焰上轻轻拖过，至手背感觉微烫即可。

(4)加样。用微量移液器吸取被检血清滴加于周边孔，每隔 1 孔加 1 份。中心孔加抗原，空下的周边孔内加标准阳性血清。若检测抗血清的效价，抗原加中心孔，抗血清做 2 倍比(1∶2，1∶4，1∶8，1∶16 等)稀释后置周围孔，以出现沉淀带的血清最高稀释倍数为该血清的琼扩效价(图 7-2)。

(5)反应。加样完毕，静止 10 min，放湿盒内置 37℃温箱中孵育，分别在 24 h、48 h 和 72 h 观察并记录结果。

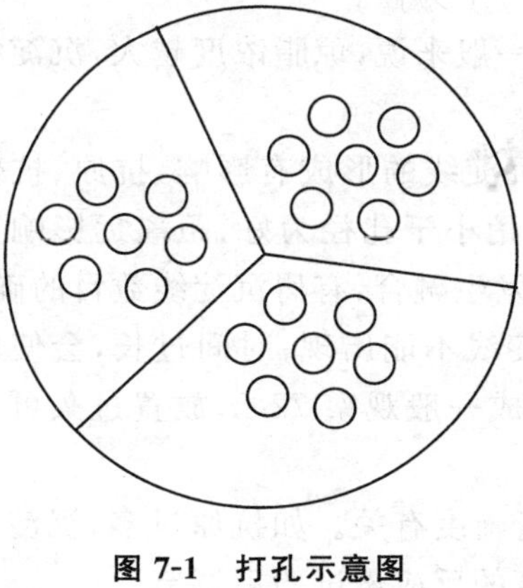

图 7-1　打孔示意图

图 7-2　琼脂双扩散实验沉淀线

【结果判定】

1. 判定方法

将琼脂板置暗背景或侧强光照射下观察。标准阳性血清与抗原孔之间出现一条清晰的白色沉淀线，则实验可以成立；若无沉淀线或不明显，则不成立，应重做。

2.判定标准

(1)被检血清与抗原孔之间出现明显清晰白色沉淀线,并与标准阳性血清孔的沉淀线相接者,判为阳性,记作"+"。

(2)抗原与标准阳性血清孔之间的沉淀线端部向被检血清孔的内侧弯曲,而被检血清孔与抗原之间不形成完整的沉淀线,则为弱阳性。凡弱阳性者应重复实验,仍为弱阳性反应者,判为阳性,记作"+"。

(3)被检血清孔与抗原孔之间无沉淀线,标准阳性血清与抗原孔之间沉淀线直伸到毗邻的被检血清孔边缘无弯曲者,判为阴性,记作"−"。

(4)抗原孔与被检血清孔之间沉淀线粗面混浊,或与标准阳性血清和抗原孔间的沉淀线交叉并直伸被检血清孔边缘者,则为非特异反应应重试,若仍出现非特异反应则判为阴性。

【注意事项】

(1)挑取琼脂块时不要挑破孔的边缘。

(2)加样时要满而不溢;每加一个检样均须更换滴头。

(3)温度对沉淀线的形成有影响,在一定范围内,温度越高扩散越快。通常反应在 0～37℃下进行。在双向扩散时,为减少沉淀线变形并保持其清晰度,可在37℃下形成沉淀线,然后置于室温或冰箱(4℃)中为佳。

(4)琼脂浓度对沉淀线形成速度有影响,一般来说,琼脂浓度越大,沉淀线出现越慢。

(5)参加扩散的抗原与抗体间的距离对沉淀线的形成有影响,抗原、抗体相距越远,沉淀线形成得越慢,孔间距离以等于或稍小于孔径为好,距离远影响反应速度。当然孔距过近,沉淀线的密度过大、容易发生融合,有碍沉淀线数目的确定。

(6)时间对沉淀线有影响,时间过短,沉淀线不能出现;时间过长,会使已形成的沉淀线解离或散开而出现假象。沉淀线形成一般观察 72 h,放置过久可出现沉淀线重合消失。

(7)抗原、抗体的比例与沉淀带的位置、清晰度有关。如抗原过多,沉淀带向抗体孔偏移和增厚,反之亦然。可用不同稀释度的反应液试验后调节。

(8)不规则的沉淀线可能是加样过满溢出、孔形不规则、边缘开裂、孔底渗漏、孵育时没放水平、扩散时琼脂变干燥、温度过高蛋白质变性或未加防腐剂导致细菌污染等所致。

(9)实验时必须设立对照并进行对照观察,以免出现假阳性。

【思考题】

1. 琼脂双扩散实验有哪些用途?

2. 在确定琼脂扩散反应最佳条件时,应该考虑哪些因素?

第三节　对流免疫电泳实验

【实验目的】

掌握对流免疫电泳的方法及结果判定。

【实验原理】

对流免疫电泳又叫反向免疫电泳或免疫电渗电泳,是在琼脂扩散基础上结合电泳技术建立的一种简便而快速的方法。

由于琼脂带有 SO_4^{2-} 基团,在静电感应下使琼脂凝胶中的水带正电荷,因而在电场中向负极移动,形成一种推力,称为电渗现象。抗体球蛋白(主要为 IgG)等电点较高,在 pH 为 8.6 的琼脂凝胶中只带有微弱的负电荷,在电泳时难以克服电渗的作用,而向负极移动;而抗原分子所带的负电荷较强,在电场中可以克服电渗的作用,向正极移动。在同一电场作用下,抗原、抗体相向运动,在两者相遇且比例合适时便形成肉眼可见的沉淀线(图 7-3)。

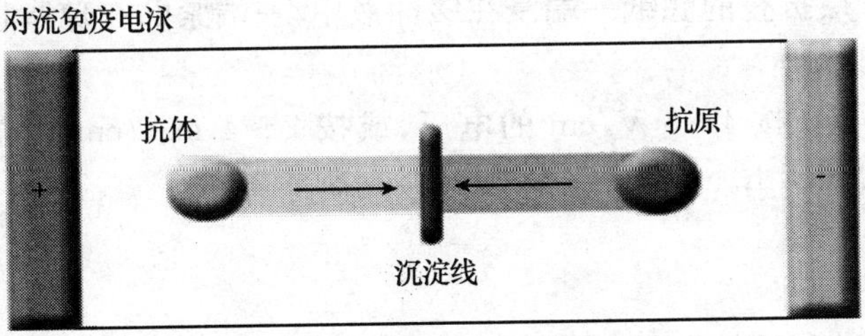

图 7-3　对流免疫电泳原理示意图

该方法主要用于抗原、抗体的快速检测。

【实验材料】

0.05 mol/L pH 为 8.6 的巴比妥缓冲液、优质琼脂粉(琼脂糖)、已知抗原、标准阳性血清、标准阴性血清、待检血清、微量移液器、吸头、电泳仪、电泳槽、打孔器、载玻片、酒精灯、牙签或针头等。

【操作方法】

(1)用 0.05 mol/L pH 为 8.6 的巴比妥缓冲液配制 1.2%的琼脂,加热溶化后,浇板,约 3 mm 厚。

(2)打孔。琼脂冷却后,按图 7-4 打成对的小孔数列,孔径 3～6 mm,孔距 4～10 mm。挑去孔内琼脂,封底。

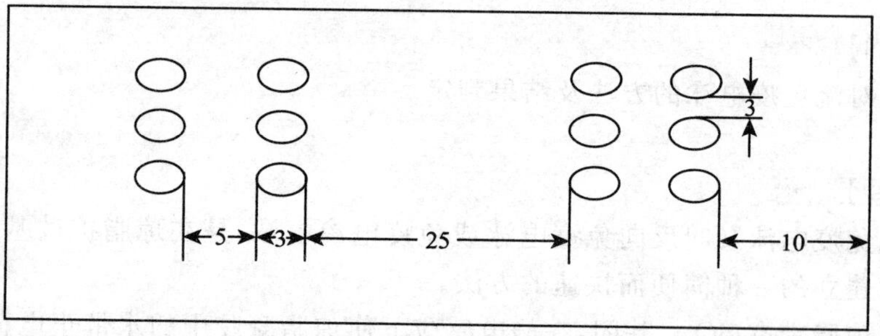

图 7-4　对流免疫电泳琼脂板示意图　单位:mm

(3)加样。一对孔中,一孔加已知(或待测)抗原,另一孔加待测(或已知)抗体。同时设阴阳性对照。

(4)电泳。将抗原孔放负极端,抗体孔放正极端,置电泳槽上,槽内加入巴比妥缓冲液,至槽高度的 2/3,两边槽内液面尽量持平。

(5)将 2～4 层折叠的滤纸一端浸在缓冲液中,一端紧贴在琼脂板上,重叠 0.5～1 cm。

(6)接通电源。按 4～6 V/cm 的电压,或按 2～4 mA/cm 的电流强度进行电泳,电泳时间为 1～3 h。

【结果判定】

结果观察:衬以黑色背景观察,在抗原抗体孔之间形成一条清晰致密的白色沉淀线者为阳性。如沉淀线不清晰,可把琼脂板放在湿盒中置 37℃数小时或置电泳槽过夜再观察。

【注意事项】

(1)浇板要一次浇满,保证均匀、平整、无气泡。

(2)打孔时,保证一对孔在同一水平线上,且在载玻片两端预留 1 cm 的距离,便于搭桥。

(3)抗原抗体的比例。比例必须适当,否则常因抗原相对过量而出现假阴性

(在抗体孔的阳极侧或上下两抗体孔间会出现特殊沉淀线)。当抗体浓度恒定,抗原浓度高时,作稀释可提高阳性率。随着稀释度的增加,抗原抗体的比例发生变化,沉淀线由靠近抗血清孔逐步移向两孔中间,并可出现不典型的沉淀线如弧形、八字须形、斜线形,这些也是阳性,应予以注意。

(4)电压与电流。电压过高孔径变形,电流过大蛋白易变性,干扰实验结果。

【思考题】

1. 影响对流免疫电泳实验结果的因素有哪些?

2. 对流免疫电泳与琼脂双扩散相比有何优点?

附:0.05 mol/L pH 为 8.6 的巴比妥缓冲液的配制。

巴比妥钠 10.3 g,巴比妥 1.84 g,叠氮钠 1 g(防腐),蒸馏水溶解定容至1 000 mL。

第四节　酶联免疫吸附实验(ELISA)

【实验目的】

掌握酶联免疫吸附实验的操作方法并能应用于疾病的诊断和抗原抗体的分析。

【实验原理】

①由于蛋白和 ELISA 实验所用的聚苯乙烯固相载体表面间的疏水性部分能相互吸附,因此抗原或抗体能物理性地吸附于固相载体表面,并保持其免疫学活性。②抗原或抗体可通过共价键与酶连接形成酶结合物,而不破坏抗原或抗体的免疫性及酶活性。③酶结合物与相应抗原或抗体结合后,可根据加入底物的颜色反应来判定是否有免疫反应的存在,而且颜色反应的深浅是与标本中相应抗原或抗体的量成正比的。

由于 ELISA 法一方面是建立在抗原与抗体免疫学反应的基础上,因而,具有特异性;另一方面又由于酶标记抗原或抗体是酶分子与抗原或抗体分子的结合物,它可以催化底物分子发生反应,产生放大作用。正因为此种放大作用而使本法具有很高的敏感性,因此,ELISA 法是一种既敏感又特异的方法。

常用的 EIISA 可分为以下几类。

(一)抗原测定方法

主要有竞争法;双抗体夹心法;改良双抗体夹心法;抑制性测定法等。在此主要介绍双抗体夹心法的原理。

双抗体夹心法(double antibody sandwich method)。本法首先是将特异性抗体包被于固相载体,经洗涤后加入待测样品。若待检样品中有相应抗原存在,其即可与包被于固相载体上的特异性抗体结合。经保温孵育洗涤后,加入酶标记特异性抗体,再经孵育洗涤后,加底物显色进行测定。底物降解量的多少反映了待测目标抗原量的大小(图 7-5)。

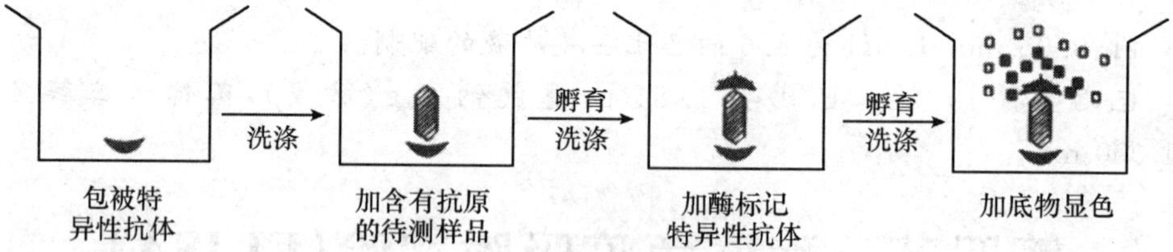

图 7-5　双抗体夹心法测抗原示意图

应用此检测方法的要求是:待测的抗原必须具有两个可以与抗体结合的部位,因为其一端要包被于固相载体上的抗体作用,而另一端则要与酶标记特异性抗体作用。因此,不能用于相对分子质量小于 5 000 的半抗原之类的抗原测定。

(二)抗体测定方法

又称为间接法(indirect method)。间接法首先用抗原包被于固相载体。这些包被的抗原必须是可溶性的,或者至少是极微小的颗粒,经洗涤,加入待测标本,再经孵育洗涤后,加入酶标记抗抗体,再经孵育洗涤后,加底物显色。底物降解的量即反映了待测抗体的量(图 7-6)。

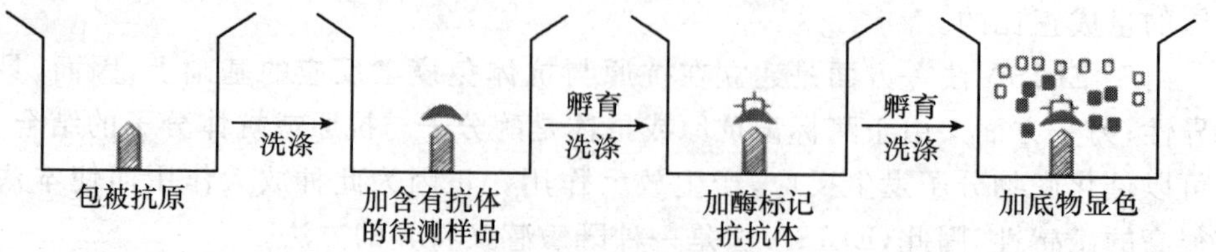

图 7-6　间接法测抗体示意图

【实验材料】

以间接法检测猪瘟抗体为例，猪瘟病毒、待检血清、猪瘟阳性血清、猪瘟阴性血清、HRP-兔抗猪 IgG、酶标板、酶联检测仪、温箱、微量移液器、吸头、包被液、洗涤液、封闭液、底物液、终止液等。

【操作方法】

(1)抗原包被。用包被液将抗原(猪瘟病毒)稀释到 1～10 μg/mL，每孔 100 μL 加入酶标板中，4℃过夜或 37℃作用 2～3 h。

(2)洗涤。甩干孔内包被液，用洗涤液注满各孔，室温静置 3 min，倾去洗涤液，反复 3 次，拍干。

(3)封闭。每孔加入 200 μL 封闭液，置 37℃温箱孵育 2 h。

(4)洗涤。同步骤(2)。

(5)加一抗(待检血清)。将待检血清编号后用 PBS 做 1∶40 倍稀释，每孔加 100 μL，同时设立标准阴阳性血清对照，置 37℃作用 1 h。

(6)洗涤。同步骤(2)。

(7)加二抗(酶标抗体)。用 PBS 将酶标抗体稀释至工作浓度，每孔加 100 μL，置 37℃作用 1 h。

(8)洗涤。同步骤(2)。

(9)显色。每孔加新鲜配制的底物溶液 100 μL，置 37℃避光作用 15 min。

(10)终止反应。每孔加终止液 50 μL(勿倾去孔内液体)。

(11)测定。在酶标仪上读取 *A* 值。以 TMB 底物显色时，选用 450 nm 波长；以 OPD 底物显色时，选用 490 nm 波长。

【结果判定】

实验结果可用肉眼判断，也可用酶标仪检测。每次试验均须设标准阴阳性血清对照。

肉眼观察时，若样本孔颜色深于阴性孔，可判为阳性。

酶标仪检测结果可按如下方法表示。

(1)用阳性“＋”与阴性“－”表示。若样本的 *A* 值超过规定吸收值判为阳性，否则为阴性。(规定吸收值＝一组阴性样本的 *A* 值之均值＋2 倍或 3 倍 SD，SD 为标准差)

(2)以 P/N 值表示。样本的 *A* 值与一组阴性样本的 *A* 值均值之比即为 P/N 值。若样本的 P/N 值大于 1.5 倍、2 倍或 3 倍，即可判为阳性。

市售的 ELISA 试剂盒内有详细的说明书,具体操作及结果判定可按说明书进行。国际标准酶标板是 8×12 的 96 孔板。

【注意事项】

(1)标本的采集和保存。大部分 ELISA 检测均以血清为标本。血浆中除含有纤维蛋白原和抗凝剂外,其他成分均同等于血清。在 ELISA 中血浆和血清可同等应用。血清标本可按常规方法采集,应注意避免溶血。红细胞溶解时会释放出具有过氧化物酶活性的物质。以 HRP 为标记 ELISA 测定中,溶血标本可能会增加非特异性显色。血清标本宜在新鲜时检测。若有细菌污染,菌体中可能含有内源性 HRP,也会产生假阳性反应。一般来说,在 5 d 内测定的血清标本可存放于 4℃,超过 1 周测定者需低温保存。

(2)加样。加样时应将所加物加在 ELISA 板孔的底部,避免加在孔壁上部,并注意不可溅出,不可产生气泡。加标本一般用微量加样器,按规定的量加入板孔中。每次加标本应更换吸嘴,以免发生交叉污染。加酶结合物应用液和底物应用液时可用定量多倒加液器,使加液过程迅速完成。

(3)保温。37℃是实验室中常用的保温温度,也是大多数抗原抗体结合的合适温度。两次抗原抗体反应一般在 37℃经 1～2 h,产物的生成可达到顶峰。室温孵育的反应,操作时的室温应严格限制在规定的范围内。标准室温温度是指 20～25℃,应注意温育的温度和时间,应按规定力求准确。因此,一人操作时,同时测定一次不宜多于两块板。

(4)洗涤。ELISA 就是靠洗涤来达到分离结合的酶标记抗原抗体复合物和未结合者的目的。通过洗涤不仅要清除残留在板孔中没能与固相抗原或抗体结合的物质,而且要清除在反应过程中非特异性地吸附于固相载体的干扰物质。聚苯乙烯等固相载体对蛋白质的吸附是普遍性的,而在洗涤时又应把这种非特异性吸附的干扰物质洗涤下来。可以说在 ELISA 操作中,洗涤是关键技术,应引起操作者的高度重视。操作者应严格按要求洗涤,不得马虎。洗涤的方式包括浸泡式和流水冲洗式两种。

(5)显色。底物显色一般在室温或 37℃,反应进行 20～30 min 颜色不再加深,即加入终止液终止反应。若再延长反应时间,可使本底值增高。由于底物液受光照会自行变色,故显色反应应避光进行。

(6)检测。检测前应先用洁净的吸水纸拭干板底附着的液体,然后将板正确放入酶标仪中进行检测。

在临床检验中应用的商品试剂盒,完整的 ELISA 试剂盒包含以下各组分。

①已包被抗原或抗体的固相载体(免疫吸附剂)。已包被抗原或抗体的固相载体在低温(2～8℃)干燥的条件下一般可保存6个月。

②酶标记的抗原或抗体(结合物)。

③酶的底物。

④定性测定中的阴性对照品和阳性对照品,以及参考标准品和控制血清。

⑤结合物及标本的稀释液。

⑥洗涤液。

⑦酶反应终止液。

【思考题】

1. 实际操作中,你认为有哪些因素可影响检测结果?

2. 临床上还有哪些疾病可用ELISA方法检测?

附　ELISA用液的配制

(1)0.01 mol/L pH为7.4 PBS。NaCl 8.0 g,KH_2PO_4 0.2 g,Na_2HPO_4(无水)1.15 g或$Na_2HPO_4 \cdot 12H_2O$ 2.9 g,KCl 0.2 g,加蒸馏水溶解后定容至1 000 mL。

(2)包被液(0.05 mol/L pH为7.6碳酸盐缓冲液)。Na_2CO_3 1.59 g,$NaHCO_3$ 2.93 g,加蒸馏水溶解后定容至1 000 mL,4℃保存。

(3)洗涤液(0.05%的PBS-T)。

0.01 mol/L pH为7.4 PBS 1 000 mL,Tween-20 0.5 mL。

(4)封闭液。于洗涤液中加入10%的犊牛血清或5%的脱脂奶粉或1%明胶。

(5)pH为5.0磷酸-柠檬酸缓冲液。

甲液(0.1 mol/L柠檬酸溶液):柠檬酸21.01 g,蒸馏水1 000 mL。

乙液(0.2 mol/L磷酸氢二钠溶液):无水Na_2HPO_4 28.4 g($Na_2HPO_4 \cdot 12H_2O$ 71.64 g/$Na_2HPO_4 \cdot 2H_2O$ 35.61 g),蒸馏水1 000 mL。

取甲液243 mL,乙液257 mL混合即成。

(6)底物液(现用现配)。四甲基联苯胺(TMB)50 mg溶于50 mL磷酸-柠檬酸缓冲液中,临用前加30% H_2O_2 50 μL即成。

或:邻苯二胺(OPD)40 mg溶于100 mL磷酸-柠檬酸缓冲液中,临用前加30% H_2O_2 150 μL即成。

(7)终止液(2 mol/L H_2SO_4)。浓硫酸22.2 mL缓缓加入177.8 mL蒸馏水中混匀即成。

第五节　斑点酶联免疫吸附试验

斑点酶联免疫吸附试验(Dot-ELISA)又称斑点免疫结合试验、抗原斑点试验及免疫斑点试验。

【实验原理】

Dot-ELISA 的基本原理与常规 ELISA 一样。即将抗原或抗体包被于纤维素膜上,经膜的吸附及浓集作用,通过与相应酶标记抗体或酶标记抗原形成标记抗原抗体复合物,再经酶促反应而使底物变为带色产物,最后以纤维素膜上斑点的有无及色泽深浅而判定结果。由于滤膜载体具有对蛋白质进行吸附、滤过水分、浓缩聚集等作用,所以尽管包被用的抗原或抗体量少,但膜上中心点的单位面积抗原或抗体浓度远远高于常规 ELISA 反应板孔表面的抗原或抗体浓度,从而大大提高了敏感性。如果显示抗原抗体反应的标记物是放射性同位素,则为斑点放射免疫测定(Dot-Radio Immuoassay)。

【实验材料】

(1)纤维素膜硝酸纤维素膜(NC)、醋酸纤维素膜(AC)、醋酸、硝酸纤维素脂混合滤膜、重氮苯甲氧基薄膜(DBM)等均可用作 Dot-ELISA 的载体。其中以硝酸纤维膜的性能较好。醋酸纤维素膜性能较差,不宜单独用作载体。

(2)包被液可用 pH 为 9.6,0.01 mol/L 碳酸盐缓冲液(CBS),pH 为 7.4,0.01 mol/L 磷酸盐缓冲液(PBS)及 pH 为 7.6,0.05 mol/L TriS-HCl 缓冲液(TBS)。以 CBS 包被抗原抗体的效果最好。试验前应进行预试选择,结果判定时以敏感性高、背景浅、斑点清晰为择优而用的标准。

(3)封闭液可用不同浓度的异种动物正常血清。亦可用鸡卵清蛋白、牛血清白蛋白及明胶溶液。

(4)洗涤液为含 0.05%吐温-20 的 PBS,亦可用 TBS。

(5)底物液不同的底物选用不同的底物缓冲故。底物可用 3,3′-二氨基联苯胺四盐酸盐(DAB)、4-氯-1-萘酚、盐酸联苯胺等。最常用的底物为 DAB,其酶促反应产物为不溶棕褐色。配制时,用 TBS,浓度以 0.4～0.8 mg/mL 为宜。临用前加入 H_2O_2,使其最终浓度为 0.01%～0.03%。

【操作方法】

(1)压迹。用直径 5 mm 的圆形打孔器或类似器械在纤维素膜的光滑面上压迹成圆形小孔,亦可用铅笔在膜上轻轻划上 4 mm×4 mm 大小的小方格,作为点样部位。

(2)包被。即点样,用微量取液器取 0.5～2 μL 抗原或抗体于膜上的压迹或划痕中央,37℃或室温下干燥。

(3)封闭。将包被好的膜片浸于封闭液中,37℃或室温下封闭 30～60 min。

(4)洗涤。将封闭后之膜片置洗涤液中漂洗 8 次,每次 2 min(3×2′)。取出后将膜片置室温晾干或用普通滤纸吸干水分即为"快诊膜",存放于阴凉干燥处备用。

(5)将快诊膜沿压迹或划痕剪下,光滑面向上放于已使用过的聚苯乙烯微量反应板孔中,每孔中加入待检样品 50 μL,37℃孵育 10～30 min。

(6)加满洗涤液充分洗涤(3×2′)。

(7)加入 50 μL 酶结合物,37℃孵育 10～30 min。

(8)如上洗涤(3×2′)。

(9)加入底物 50 μL,37℃显色 10～20 min,加满洗涤液中止反应。

【结果判定】

Dot-ELISA 的结果判定用肉眼观察。根据膜片上斑点的有无及色泽深浅而判定。"＋＋"表示呈深棕褐色圆形斑点(以 DAB 作底物为例),与强阳性对照相似。"＋"表示呈浅棕色圆形斑点,与弱阳性对照相似。"－"表示膜片上无可见棕色圆形斑点,与阴性对照相似,以呈"＋"的最高稀释倍数为待检样品的效价,如以 4-氯-1-萘酚为底物,则阳性反应出现深蓝色斑点。

【注意事项】

Dot-ELISA 除具有常规 ELISA 的全部优点外,还具有:

(1)敏感性高于常规 ELISA,接近放射免疫测定(RIA)的敏感性。可测定微克数量级的抗原或抗体含量,利用生物素-亲和素系统(BAS)的生物放大作用而建立的 ABC-斑点酶联免疫吸附试验更进一步提高了 Dot-ELISA 的敏感性。

(2)节省材料。由于 Dot-ELISA 各反应步骤的试剂用量均少于常规 ELISA,特别是抗原或抗体包被较少,微量反应板仅起"容器"作用,故可反复使用而不影响试验结果,因此其成本比常规 ELISA 大大下降。

(3)反应快捷。如事先制备好"快诊膜",2 h 内即可得出结果,即使临时从包被开始,亦可在 4 h 内报告结果。

(4)操作简便。Dot-ELISA 操作简单,不需特殊仪器设备,结果判定简单易行,检测杂交瘤培养上清液时,可不必进行浓缩、稀释或纯化。可同时对数种单克隆抗体在同一张纤维素膜上进行检测。Dot-ELISA 是一种便于基层单位推广应用的新型免疫检测技术。

(5)试验结果可客观而永久保存,便于存档及日后对比观察。"快诊膜"至少可保存半年的活性,便于携带。

(6)Dot-ELISA 的一个明显不足是无法进行精确的定量检测,而且肉眼观察结果难免掺和主观因素。因此,进行 Dot-ELISA 时,要求操作者技术熟练并具有一定的经验,尽量避免主观因素的影响。

第六节　免疫酶组化技术

【实验目的】

掌握免疫酶组化试验的原理、操作方法以及结果的判定。

【实验原理】

免疫酶组化试验的原理是用酶标记预知抗体(或抗原),然后与细胞或组织标本中的相应抗原(或抗体)反应形成复合物,再加入相应的底物显色,通过显微镜观察,就可以识别出标本中抗原(或抗体)分布的位置和性质,并可通过图像分析达到定量的目的。

【实验材料】

①PBS 缓冲液(pH 为 7.2~7.4)。

②洗涤缓冲液(PBST,pH 为 7.4)。

③3%甲醇-H_2O_2溶液。

④二甲苯。

⑤80%、90%、100%乙醇。

⑥EDTA 抗原修复液(0.37 g EDTA 加蒸馏水 1 000 mL,用 1 mol/L NaOH 调 pH 到 8.0)。

⑦猪瘟免疫猪阳性血清、猪瘟非免疫猪阴性血清。

⑧待检猪瘟疑似病料、猪瘟阳性病料与正常组织。

⑨辣根过氧化物酶标记的兔抗猪 IgG 抗体。

⑩二氨基联苯胺(DAB)。

⑪3% H_2O_2。

⑫0.25% TritonX-100 和 5%二甲基亚砜(DMSO)溶液。

⑬明胶甘油。

【操作方法】

(1)将待检病料制成印片或者切片，石蜡切片经常规脱蜡，冰冻切片浸入 4℃丙酮液中固定 10 min。

(2)用 PBST 液漂洗 3 次，每次 5 min。

(3)抗原修复(仅石蜡切片需修复)。取 500 mL EDTA 抗原修复液于 1 000 mL 烧杯中，在小功率电炉上加热至似沸微沸(为了防止脱片)。将组织切片缓慢放入烧杯，继续加热，保持液体在微沸状态 20 min。将烧杯移离火源，室温下自然冷却后取出切片，蒸馏水洗 1 次，3 min；PBST 液洗 2 次，每次 3 min。

(4)加 3% H_2O_2-甲醇溶液，室温静置 5～10 min(置湿盒内)，以消除内源性过氧化物酶的活性。

(5)用 PBST 液漂洗 3 次，每次 5 min。

(6)加 0.25% TritonX-100 和 5%二甲基亚砜(DMSO)溶液，室温静置 10 min(湿盒内)。

(7)用 PBST 液漂洗 3 次，每次 5 min。

(8)用 5%～10%浓度的猪瘟非免疫阴性血清(0.01 mol/L PBS 稀释)封闭，室温孵育 30 min(湿盒内)。

(9)倾倒去除血清，滴加适当稀释的猪瘟阳性免疫血清，37℃温箱孵育 1 h(湿盒内)。

(10)用 PBST 液漂洗 3 次，每次 5 min。

(11)滴加适当稀释的辣根过氧化物酶标记的兔抗猪 IgG 抗体，37℃温箱孵育 1 h(湿盒内)。

(12)用 PBST 液漂洗 3 次，每次 5 min。

(13)加入新鲜配制辣根过氧化物酶底物溶液显色 5～10 min，在显微镜下掌握染色程度。

(14)用 PBST 液漂洗 3 次，每次 5 min，终止反应。

(15)经 80%、90%、100%梯度乙醇脱水，二甲苯透明，每步均 1 min，室温放置使二甲苯完全蒸发。

(16)明胶甘油封片，显微镜观察。

【结果判定】

在阴阳对照均正常的情况下，出现明显的棕黑色物质为阳性，无颜色变化为阴性。

【注意事项】

(1)组织标本采集部位应为主要病变区，且应取病灶与正常组织交界处。实验中要设立阳性对照、阴性对照和空白对照。

(2)标本固定的方式要适当，石蜡切片必须经过抗原修复，修复方法结合标本的具体情况而定。

(3)对于富含内源性酶的组织更要注意去除其中的内源性酶，如肝脏、肾脏等。

(4)显色液要现配现用，显色过程最好在显微镜下监控，达到理想的染色程度时应立即终止。

【思考题】

1. 免疫酶组化试验中，石蜡切片为什么要进行抗原修复？

2. 在免疫组化试验中，引起非特异性染色的因素有哪些？

第七节　病毒血凝与血凝抑制试验

【实验目的】

1. 掌握血凝(HA)和血凝抑制试验的原理。

2. 掌握鸡新城疫病毒血凝和血凝抑制试验的操作方法。

【实验原理】

某些病毒能够与红细胞发生凝集，此即为红细胞凝集现象。这种红细胞凝集现象可于病毒悬液中加入特异性抗体(免疫血清)所抑制，即为红细胞凝集抑制试验。以鸡新城疫病毒为例进行 HA 试验。

【操作方法及结果判定】

一、红细胞凝集试验(HA 试验)

主要的测定病毒的红细胞凝集价，以确定红细胞凝集抑制试验所用病毒稀释倍数(抗原单位)。现常用微量法进行说明。

(1)在每孔中加入灭菌生理盐水 25 μL。

(2)取病毒抗原液 25 μL 加入第 1 孔内，枪头浸入液体中缓慢吹吸几次使病毒与稀释液混合均匀，再吸取 25 μL 液体移入第 2 孔，如此连续稀释至第 11 孔，第 11 孔吸取 25 μL 弃掉，病毒稀释倍数依次为(1∶2)～(1∶2 048)。第 12 孔为红细胞对照。

(3)每孔中加入 1%红细胞悬液 25 μL。

(4)振荡混匀，静置在 37℃作用 15 min，观察结果。

结果判定：将反应板倾斜 45°角，沉于管底的红细胞沿着倾斜面向下呈线状流动的为沉淀，表明红细胞未被或不完全被病毒凝集；如果孔底的红细胞铺平孔底，凝成均匀薄层，倾斜后红细胞不流动，说明红细胞被病毒所凝集。

能使 100%红细胞凝集的病毒液的最高稀释倍数，称为该病毒的红细胞凝集效价。假如病毒液的 HA 效价为 1∶128，HI 实验时，病毒抗原液 25 μL 内须含 4 个凝集单位，则应将原病毒液做成 128/4＝32 倍的稀释液。

二、红细胞凝集抑制试验(HI)

(1)在 1～10 孔中各加入 25 μL 生理盐水，在第 11 孔中加入生理盐水 50 μL。

(2)取病毒抗原液 25 μL 加入第 1 孔内，枪头浸入液体中缓慢吹吸几次使病毒与稀释液混合均匀，再吸取 25 μL 液体移入第 2 孔，如此连续稀释至第 10 孔，第 10 孔吸取 25 μL 弃掉，病毒稀释倍数依次为(1∶2)～(1∶2 048)。第 11 孔为红细胞对照，第 12 孔为抗原对照。

(3)每孔加入含有 4 单位的病毒液 25 μL 至第 10 孔，第 11 孔为红细胞对照孔，不加病毒液，第 12 孔为抗原对照，加病毒液。

(4)振荡混匀，静置在 37℃作用 20 min。

(5)每孔加入 1%红细胞悬液 25 μL，振荡混匀，置 37℃作用 15 min，观察结果。

结果判定：将反应板倾斜成 45°角，沉于管底的细胞沿着倾斜面向下呈线状流动的为沉淀，表明红细胞未被或不完全被病毒凝集；如果孔底的红细胞铺平孔底，凝成均匀薄层，倾斜后红细胞不流动，说明红细胞被病毒所凝集。

能将 4 个单位病毒物质凝集红细胞的作用完全抑制的血清最高稀释倍数，称为该血清的红细胞凝集抑制效价，用被检血清的稀释倍数或以 2 为底的对数表示。

【思考题】

1. 病毒的血凝和血凝抑制的原理是什么？

2. 病毒的血凝和血凝抑制是抗原和抗体反应吗？为什么？

第八节　中和试验

一、定血清-稀释病毒法(病毒中和试验)

1. 病毒毒价的测定

毒价单位:衡量病毒毒价(毒力)的单位过去多用最小致死量(MLD),即经规定的途径,以不同的剂量接种试验动物,在一定时间内能致全组试验动物死亡的最小剂量。但由于剂量的递增与死亡率递增不呈线性关系,在越接近100%死亡时,对剂量的递增越不敏感。而一般在死亡率越接近50%时,对剂量的变化越敏感,故现多改用半数致死量(LD_{50})作为毒价测定单位,即经规定的途径,以不同的剂量接种试验动物,在一定时间内能致半数试验动物死亡的剂量。用鸡胚测定时,毒价单位为鸡胚半数致死量(ELD_{50})或鸡胚半数感染量(EID_{50})。用细胞培养测定时,用组织细胞半数感染量($TCID_{50}$)。在测定疫苗的免疫性能时,则用半数免疫量(IMD_{50})或半数保护量(PD_{50})。

(1)LD_{50}的测定(以流行性乙型脑炎病毒为例)。测定方法:将接种病毒,并已发病濒死的小鼠,无菌法取脑组织,称重、加稀释液充分研磨,配制成10^{-1}悬液,3 000 r/ min离心20 min,取上清液,以10倍递次稀释成10^{-1}、10^{-2}、10^{-3}、…、10^{-9},每个稀释度分别接种5只小鼠,每只脑内注射0.03 mL,逐日观察记录各组的死亡数(表7-1)。

表7-1　LD_{50}的计算(接种剂量为0.03 mL)

病毒稀释度	接种鼠数	活鼠数	死鼠数	活鼠积累	死鼠积累	死亡比	死亡率/%
10^{-4}	5	0	5	0	15	15/15	100
10^{-5}	5	0	5	0	10	10/10	100
10^{-6}	5	1	4	1	5	5/6	83
10^{-7}	5	4	1	5	1	1/6	17
10^{-8}	5	5	0	10	0	0/10	0
10^{-9}	5	5	0	15	0	0/15	0

LD_{50}的计算:按Reed和Muench氏法计算。

$$\text{距离比例}=\frac{\text{高于}50\%\text{的死亡分数}-50\%}{\text{高于}50\%\text{的死亡百分数}-\text{低于}50\%\text{的死亡百分数}}$$

$$=\frac{83\%-50\%}{83\%-17\%}=0.5$$

LD_{50}的对数＝高于50％病毒稀释度的对数＋距离比例×稀释系数的对数

本例高于50％病毒稀释度的对数－6，距离比例为0.5，稀释系数的对数为－1。代入上式：

$$\lg LD=-6+0.5\times(-1)=-6.5$$

则 $LD_{50}=10^{-6.5}$，0.03 mL，即该病毒作 $10^{-6.5}$ 稀释，接种0.03 mL能使半数小鼠发生死亡。

注意：稀释血清法中和试验，计算 $TCID_{50}$ 或 LD_{50}，MID_{50} 时，计算公式应改为：$TCID_{50}$ 的对数＝高于50％血清稀释度的对数－距离比例×稀释系数的对数。

如按 Karber 氏法计算，其公式为：

$$\lg LD_{50}(\text{或 } TCID_{50})=L+d(S-0.5)$$

L 为病毒最低稀释度的对数，d 为组距，即稀释系数，S 为死亡比值的和。本例 $L=-4$，$d=-1$，$S=1+1+5/6+1/6=3$。

$\lg LD_{50}=-4+(-1)\times(3-0.5)=-6.5$　则 $LD_{50}=10^{-6.5}$，0.03 mL。

注意：用本法计算稀释血清中和试验中和效价时，S 应为保护比值之和。

(2) EID_{50} 的测定（以新城疫病毒为例）。将新鲜病毒液体10倍递次稀释法释成 10^{-1}、10^{-2}、10^{-3}、…、10^{-9} 不同稀释度，分别接种9～10日龄鸡胚尿囊腔，鸡胚必须来自健康母鸡，并且没有新城疫抗体。每只鸡胚接种0.2 mL，每个稀释度接种6只鸡胚为一组，以石蜡封口，置37～38℃培养，每天照蛋，24 h之内死亡的鸡胚弃掉，24 h之后死亡的鸡胚置4℃保存。连续培养5 d，取尿囊液作血细胞凝集试验，出现血凝者判阳性，记录结果，按上述方法计算 EID_{50}。

(3) $TCID_{50}$ 的测定（以致细胞病变病毒为例）。取新鲜病毒悬液，以10倍递次稀释成不同稀释度，每个稀释度分别接种经 Hank's 液洗3次的组织细胞管，每管细胞接种0.2 mL，每个稀释度接种4只细胞管，接种病毒后的细胞管放在细胞盘内，细胞层一侧在下，使病毒与细胞充分接触，放置37℃吸附1 h，加入维持液，置37℃培养，逐日观察并记录细胞病毒管数，按上述方法计算 $TCID_{50}$。

2. 中和试验

(1) 病毒稀释度的选择。选择病毒稀释度范围，要根据毒价测定的结果而定，如病毒的毒价为 10^{-6}，则试验组选用 10^{-2}～10^{-8} 对照组选用 10^{-4}～10^{-8} 其原则是：最高稀释度要求动物全存活（或无细胞病变），最低稀释度动物全死亡（或均出现细胞病变）。

(2) 血清处理。用于试验的所有血清在用前须作56℃ 30 min加温灭活。但来自不同动物的血清，灭活的温度和时间也是不同的。

(3)病毒的稀释。按选定的病毒稀释度范围，将病毒液作 10 倍递次稀释，使之成为所需要的稀释度。

(4)感作。将不同稀释度病毒分别定量加入两排无菌试管内，第一排每管加入与病毒等量的免疫（或被检）血清作为试验组；第二排每管加入与免疫（或被检）血清同种的正常阴性血清作为对照组；充分摇匀后放 37℃感作 12 h。

(5)接种。按“病毒价测定”中所述接种方法接种试验动物（或鸡胚、组织细胞）。观察持续时间，根据病毒和接种途径而定。

(6)中和指数据计算物按 Reed 和 Muench 两氏法（或 Karber)法分别计算试验组和对照组的 LD_{50}（或 EID_{50}、$TCID_{50}$）。

$$中和指数=试验级\ LD_{50}(EID_{50}、TCID_{50})/对照组\ LD_{50}(EID_{50}、TCID_{50})$$

假如试验组 LD_{50} 为 $10^{-2.2}$，对照组 LD_{50} 为 $10^{-5.6}$。则中和指数为 103.3，103.3＝1 995，也就是说该待检血清中和病毒的能力比正常血清大 1 995 倍。

(7)结果判定。固定血清-稀释病毒法进行中和试验，当中和指数大于 50，表示补检血清中有中和抗体；中和指数在 10～50 为可疑；若中和指数小于 10 为无中和抗体存在。

二、固定病毒-稀释血清法（血清中和试验）

1. 病毒毒价的测定（微量法）

(1)病毒的制备。将病毒接种于单层细胞，37℃吸附 1 h 后加入维持液，置温箱培养；逐日观察，待细胞病变（CPE）达 75%以上，收获病毒悬液冻融或超声波处理，以 3 000 r/min 离心 10 min，取上清液，定量分装成 1 mL 小瓶置－70℃保存备用，选用的病毒必须是对细胞有较稳定的致病力。

(2)病毒毒价测定。取置－70℃冰箱保存的病毒一瓶，将病毒在 96 孔培养板上作 10 倍递进稀释即 10^{-1}，10^{-2}，10^{-11}…每孔病毒悬液量为 50 μL，每个稀释度作 8 孔，每孔加入 100 细胞悬液，每块板的最后一行设 8 孔细胞对照，制备细胞悬液的浓度以使细胞在 24 h 内长满单层为度。把培养板置 5% CO_2 温箱 37℃培养，从 14～48 h 逐日观察细胞病变，记录结果。按 Reed 和 Muench 两氏法计算 $TCID_{50}$。

$$距离比例=(56\%-50\%)/(56\%-33\%)$$

本例高于 50%病毒稀释度的对数为－6，距离比例为 0.26，稀释系数的对数为－1。$TCID_{50}$ 计算见表 7-2。

表 7-2　$TCID_{50}$计算(接种剂量 50 μL)

病毒稀释度	接种数	CPE 数	无 CPE 数	CPE 累计	非 CPE 累计	CPE 率	百分数/%
10^{-2}	8	8	0	39	0	39/39	100
10^{-3}	8	8	0	31	0	31/31	100
10^{-4}	8	7	1	23	1	23/24	96
10^{-5}	8	5	3	15	4	15/19	79
10^{-6}	8	4	4	10	8	10/18	56
10^{-7}	8	4	4	6	12	6/18	33
10^{-8}	8	2	6	2	18	2/20	10
10^{-9}	8	0	8	0	26	0/26	0

$$\lg TCID_{50} = -6 + 0.26 \times (-1) = -6.3$$

则 $TCID_{50} = 10^{-6.3}$,50 即病毒作 $10^{-6.3}$稀释,每孔接种 50 μL,可使半数组织细胞管发生病变。

2. 中和试验

(1)血清的处理。动物血清中,含有多种蛋白质成分对抗体中和病毒有辅助作用,如补体、免疫球蛋白和抗补体抗体等。为排除这些不耐热的非特异性反应因素,用于中和试验的血清须经加热灭活处理。各种不同来源的血清,须采用不同温度处理,猪、牛、猴、猫及小鼠血清为 60℃;水牛、犬及地鼠血清为 62℃;马兔血清为 65℃;人和豚鼠血清为 56℃。加热时间为 20～30 min,60℃以上加热时,为防止蛋白质凝固,应先以生理盐水作适当稀释。

(2)稀释血清。取已灭活处理的血清,在 96 孔微量细胞培养板上,用稀释液作一系列倍比稀释,使其稀释度分别为原血清的 1∶2、1∶4、1∶8、1∶16、1∶32、1∶64,每孔含量为 50 μL,每个稀释度作 4 孔。

(3) 病毒。取－70℃冰箱保存的病毒液,按经测定的毒价作 200 $TCID_{50}$稀释(与等量血清混合,其毒价为 100 $TCID_{50}$)。如本例病毒价为 $10^{-6.3}$,50 μL。所以应将病毒作 $2\times10^{-4.3}$稀释。

(4)感作。每孔加入 50 μL 病毒液,封好盖,置于 37℃温箱中和 1 h。

病毒与血清混合,0℃下,不发生中反应,4℃以上中和反应即可发生。常规采用 37℃作用 1 h,一般病毒都可发生充分的中和反应。但对易于灭活的病毒可置 4℃冰箱感作,根据不同耐热性的病毒感作温度和时间应有所不同。

(5)加入细胞悬液。在制备细胞悬液时,其浓度以在 24 h 内长满单层为度:血清病毒中和 1 h 后取出,每孔加入 100 μL 细胞悬液。置 5% CO_2 37℃温箱培养,自培养 48 h 开始逐日观察记录,14 h 终判。

由于各种病毒引起细胞病变时间不同，终判时间应根据病毒致细胞病变的快慢而定。

(6)设立对照。为保证试验结果的准确性，每次试验都必须设置下列对照，特别是在初次进行该种病毒的中和试验时，尤为重要。

阳性和阴性血清对照：阳性和阴性血清与待检血清进行平行试验，阳性血清对照应不出现细胞病变，而阴性血清对照应出现细胞病变。

病毒回归试验：每次试验每一块板上都设立病毒对照相馆，先将病毒作 0.1、1、10、100、1 000 $TCID_{50}$ 稀释，每个稀释度作 4 孔，每孔加 50 μL。然后每孔 100 μL 细胞悬液。0.1 TCID $TCID_{50}$ 应不引起细胞病变，而且 100 TCID $TCID_{50}$ 必须引起细胞病变，否则该试验不能成立。

血清毒性对照相：为检查被检血清本身对细胞有无任何毒性作用，设立被检血清毒性对照是必要的。即在组织细胞中加入低倍稀释的待检血清(相当于中和试验中被检血清的最低稀释度)。

正常细胞对照相：即不接种病毒和待检血清的细胞悬液孔。正常细胞对照应在整个中和试验中一直保持良好的形态和生活特征，为避免培养板本身引起试验误差，应在每块板上都设立这一对照。

(7)结果判定和计算。当病毒回归试验，阳性、阴性、正常细胞对照相，血清毒性对照全部成立时，才能进行判定，被检血清孔出现 100% CPE 判为阴性，50%以上细胞出现保护者为阳性；固定病毒稀释血清中和试验的结果计算，是计算出能保护 50% 细胞孔不产生细胞病变的血清稀释度，该稀释度即为该份血清的中和抗体效价。

用 Reed 和 Muench 两氏法(或 Karber 法)计算结果，

$$距离比例=(80\%-50\%)/(80\%-20\%)=0.5$$

$$\lg TCID_{50}=高于50\%血清稀释度的对数-距离比例\times稀释系数的对数$$

$$\lg TCID_{50}=-1.2-0.5\times(-0.3)=-1.05$$

固定病毒-稀释血清法中和抗体效价计算见表 7-3。

表 7-3 固定病毒-稀释血清法中和抗体效价计算

血清稀释	CPE 数总孔数	CPE 数	无 CPE 数	CPE 积累	非 CPE 积累	CPE 比率	保护率
1∶4(10)	0/4	0	4	0	12	0/12	100
1∶8(10)	0/4	0	4	0	8	0/8	100
1∶16(10)	1/4	1	3	1	4	1/5	80
1∶32(10)	3/4	3	1	4	1	4/5	20
1∶64(10)	4/4	4	0	8	0	8/8	0

则 $TCID_{50}=10,50\ \mu L$。

因 10=1/11,即 1∶11 稀释的待检血清可保护 50%的组织培养细胞免于出现 CPE 影响中和试验的因素。

(1)病毒毒价的准确性是中和试验成败的关键,毒价过高易出现假阴性,过低会出现假阳性。在微量血清中和试验中,一般使用 100～500 $TCID_{50}$。

(2)用于试验的阳性血清规定,必须是用标准病毒接种易感动物制备的。

(3)细胞量度的多少与试验有密切关系,细胞量过大或过小易造成判断上的错误,一般以在 24 h,内形成单层为宜。

(4)毒价测定的判定时间应与正式试验的判定时间相符。

实验八　酶标抗体的制备

第一节　戊二醛二步法

【实验目的】

戊二醛为一种双功能试剂，通过其醛基分别与酶和免疫球蛋白上的氨基共价结合，形成酶-戊二醛-免疫球蛋白结合物。

【实验材料】

①0.1 mol/L pH 为 6.8 磷酸缓冲盐水（PBS）：取 0.2 mol/L Na_2HPO_4 49 mL，0.2 mol/L NaH_2PO_4 51 mL，NaCl 1.8 g，加蒸馏水至 200 mL。

②1.25%戊二醛液：取 25%戊二醛 50 mL 与 pH 为 6.8 的 PBS 1 mL 混合。

③1 mol/L pH 为 9.5 碳酸盐缓冲液：取 1 mol/L 碳酸钠 3 mL 与 1 mol/L 碳酸氢钠 7 mL 混合。

④0.2 mol/L 赖氨酸溶液：称赖氨酸 29.2 mg 溶于 0.01 mol/L pH 为 9.5 碳酸缓冲液 1 mL 中。

⑤0.15 mol/L pH 为 7.4 PBS 及生理盐水。

⑥pH 为 7.8 饱和硫酸铵溶液及半饱和硫酸铵溶液。

⑦萘氏试剂及聚乙二醇（PEG，MW 2 000）。

⑧纯化的特异性抗体或抗 Ig 抗体。

⑨HRP（RZ>3.0）。

⑩Sephadex G-25 层析柱（2 cm×50 cm）。

⑪搅拌器，分光光度计，离心机。

⑫透析袋，大、小烧杯，试管，吸管等。

【操作方法】

(1)称取 HRP（辣根过氧化物酶）25 mg 溶于 1.25%戊二醛溶液中，于室温静置过夜。

(2)反应后的酶溶液经 Sephadex G-25 层析柱，用生理盐水洗脱。流速控制在

1 mL/1 min，收集棕色流出液。如体积大于 5 mL，则以 PEG 浓缩至 5 mL。放置 25 mL 小烧杯中，缓慢搅拌。

(3)待标记的抗体 12.5 mg 用生理盐水稀释至 5 mL，搅拌下逐滴加入酶溶液中。

(4)用 1 mol/L pH 为 9.5 的碳酸缓冲液 0.25 mL，继续搅拌 3 h。

(5)加 0.2 mol/L 赖氨酸 0.25 mL，混匀后，置室温 2 h。

(6)搅拌时逐滴加入等体积饱和硫酸铵，置 4℃ 1 h。

(7)3 000 r/min 离心 0.5 h，弃上清。沉淀物用半饱和硫酸铵洗二次，最后沉淀物溶于少量 0.15 mol/L pH 为 7.4 的 PBS 中。

将上述溶液装入透析袋中，对 0.15 mol/L pH 为 7.4 的 PB-缓冲盐水透析，去除铵离子后(用萘氏试剂检测)，10 000 r/min 离心 30 min 去除沉淀，上清液即为酶结合物，分装后，冰冻保存。

第二节　简易过碘酸钠法

【实验原理】

经典的过碘酸钠法中需采用二硝基氟苯封闭 HRP 上残留的 α-和 PBS 以避免酶分子之间的交联。后来 Wilson 等改用在低 pH 下使 $NaIO_4$ 氧化 HRP，从而省去了二硝基氟苯封闭 HRP 步骤。HRP 经 $NaIO_4$ 氧化后形成的醛化酶可与抗体分子的氨基相连，形成斯夫氏碱，后者可进一步用 $NaBH_4$(或乙醇胺)还原生成稳定的酶标记抗体。

【实验材料】

①0.1 mol/L $NaIO_4$：称取 241 mg 高碘酸钠溶于蒸馏水 10 mL 中。

②1 mmol/L pH 为 4.4 醋酸钠缓冲液：

0.2 mol/L NaAc(1.361 g/50 mL) 3.7 mL；

0.2 mol/L HAc(0.601 mL/50 mL) 6.3 mL；

加蒸馏水至 2 000 mL。

③0.2 mol/L pH 为 9.5 碳酸盐缓冲液：

Na_2CO_3 0.32 g；

$NaHCO_3$ 0.586 g；

加蒸馏水至 50 mL；

再用蒸馏水作 20 倍稀释，即成 0.01 mol/L pH 为 9.5 的碳酸盐缓冲液。

④$NaBH_4$溶液(4 mg/mL):临用时称取 $NaBH_4$ 4 mg 溶于 1 mL 蒸馏水中。

⑤其他的试剂及器材可参见戊二醛标记法。

【操作方法】

(1)取 5 mg HRP 溶解于 1 mL 蒸馏水中。

(2)于上液中加入 0.2 mL 新配的 0.1 mol/L $NaIO_4$溶液,室温下避光搅拌 20 min。

(3)将上述溶液装入透析袋中,对 1 mmol/L pH 为 4.4 的醋酸钠缓冲液透析,4℃过夜。

(4)加 20 μL 0.2 mol/L pH 为 9.5 碳酸盐缓冲液,使以上醛化成 RP 的 pH 升高到 9.0~9.5,然后立即加入 10 mg IgG(抗体,或 SPA 5 mg)在 1 mL 0.01 mol/L 碳酸盐缓冲液中,室温避光轻轻搅拌 2 h。

(5)加 0.1 mL 新配的 4 mg/mL $NaBH_4$ 液,混匀,再置 4℃ 2 h。

将上述溶液装入透析袋中,对 0.15 mol/L pH 为 7.4 PBS 透析,4℃过夜。

其余步骤(纯化)同戊二醛标记步骤的(7)。

第二部分　免疫制剂制备的实例

实验九　胶体金制备技术

实验十　抗原和免疫血清的制备实例

实验十一　菌种保藏

实验九 胶体金制备技术

胶体金免疫技术的特点是以胶体金作为标记物。这一技术在20世纪70年代初期由Faulk和Taylor始创，最初用于免疫电镜技术。迄今为止，胶体金标记仍主要用于免疫组织化学中。在免疫测定中，金标记常与膜载体配合，形成特定的测定模式，典型的如斑点免疫渗滤试验和斑点免疫层析试验等，已是目前应用广泛的简便、快速检验方法。

一、胶体金的特性和制备

（一）胶体金的结构

胶体金（colloidalgold）也称金溶胶（goldsol），是由金盐被还原成原金后形成的金颗粒悬液。胶体金颗粒由一个基础金核（原子金Au）及包围在外的双离子层构成，紧连在金核表面的是内层负离子（$AuCl_2^-$），外层离子层H^+则分散在胶体间溶液中，以维持胶体金游离于溶胶间的悬液状态。

胶体金颗粒的基础金核并非是理想的圆球核，较小的胶体金颗粒基本是圆球形的，较大的胶体金颗粒（一般指大于30 nm以上的）多呈椭圆形。在电子显微镜下可观察胶体金的颗粒形态。

（二）胶体金的特性

（1）胶体性质。胶体金颗粒大小多在1～100 nm，微小金颗粒稳定地、均匀地、呈单一分散状态悬浮在液体中，成为胶体金溶液。胶体金因而具有胶体的多种特性，特别是对电解质的敏感性。电解质能破坏胶体金颗粒的外周水化层，从而打破胶体的稳定状态，使分散的单一金颗粒凝聚成大颗粒，而从液体中沉淀下来。某些蛋白质等大分子物质有保护胶体金、加强其稳定性的作用。

（2）呈色性。微小颗粒胶体呈红色，但不同大小的胶体呈色有一定的差别。最小的胶体金（2～5 nm）是橙黄色的，中等大小的胶体金（10～20 nm）是酒红色的，较大颗粒的胶体金（30～80 nm）则是紫红色的。根据这一特点，用肉眼观察胶体金的颜色可粗略估计胶体金颗粒的大小。

(3)光吸收性胶体金在可见光范围内有一单一光吸收峰,这个光吸收峰的波长(λ_{max})在 510～550 nm 范围内,随胶体金颗粒大小而变化,大颗粒胶体金的 λ_{max} 偏向长波长,反之,小颗粒胶体金的 λ_{max} 则偏于短波长,表 9-1 所列为部分胶体金的 λ_{max}。

(三)胶体金的制备

1. 制备方法

胶体金的制备多采用还原法。氯金酸($HAuCl_4$)是主要还原材料,常用还原剂有柠檬酸钠、鞣酸、抗坏血酸、白磷、硼氢化钠等。根据还原剂类型以及还原作用的强弱,可以制备 0.8～150 nm 的胶体金。最常用的制备方法为柠檬酸盐还原法。具体操作方法如下。

(1)将 $HAuCl_4$ 先配制成 0.01%水溶液,取 100 mL 加热至沸。

(2)搅动下准确加入一定量的 1%柠檬酸三钠($Na_3C_6H_5O_7 \cdot 2H_2O$)水溶液。

(3)继续加热煮沸 15 min。此时可观察到淡黄色的氯金酸水溶液在柠檬酸钠加入后很快变灰色,继而转成黑色,随后逐渐稳定成红色。全过程 2～3 min。

(4)冷却至室温后用蒸馏水恢复至原体积。

用此法可制备 16～147 nm 粒径的胶体金。金颗粒的大小取决于制备时加入的柠檬酸三钠的量。表 9-1 列举制备 4 种不同粒径胶体金时柠檬酸三钠的用量。

表 9-1　4 种粒径胶体金的制备及特性

胶体金粒径/nm	1%柠檬酸三钠加入量/mL*	胶体金特性	
		呈色	λ_{max}/nm
16	2.00	橙色	518
24.5	1.50	橙红	522
41	1.00	红色	525
71.5	0.70	紫色	535

* 还原 100 mL 0.01% $HAuCl_4$ 所需量。

2. 注意事项

(1)氯金酸易潮解,避光保存。

(2)氯金酸对金属有强烈的腐蚀性,因此在配制氯金酸水溶液时,不应使用金属药匙称量氯金酸。

(3)用于制备胶体金的蒸馏水应是双蒸馏水或三蒸馏水，或者是高质量的去离子水。

(4)用以制备胶体金的玻璃容器必须是绝对清洁的，用前应先经酸洗并用蒸馏水冲净。最好是经硅化处理的，硅化方法可用5%二氯甲硅烷的氯仿溶液浸泡数分钟，用蒸馏水冲净后干燥备用。

(5)胶体金的鉴定和保存：胶体金的制备并不难，但要制好高质量的胶体金却也并非易事。因此对每次制好的胶体金应加以检定，主要检查指标有颗粒大小，粒径的均一程度及有无凝集颗粒等。

肉眼观察是最基本也是最简单和方便的检定方法，但需要一定的经验。良好的胶体金应该是清亮透明的，若制备的胶体金混浊或液体表面有漂浮物，提示此次制备的胶体金有较多的凝集颗粒。在日光下仔细观察比较胶体金的颜色，可以粗略估计制得的金颗粒的大小。当然也可用分光光度计扫描λ_{max}来估计胶体金颗粒的粒径。制备的胶体金最好作电镜观察，并选一些代表性的作显微摄影，可以比较精确地测定胶体金的平均粒径。

胶体金在洁净的玻璃器皿中可较长时间保存，加入少许防腐剂(如0.02% NaN_3)可有利于保存。保存不当时会有细菌生长或有凝集颗粒形成。少量凝集颗粒并不影响以后胶体金的标记，使用时为提高标记效率可先低速离心去除凝集颗粒。

二、免疫金的特性和制备

(一)免疫金的特性

胶体金可以和蛋白质等各种大分子物质结合，在免疫组织化学技术中，习惯上将胶体金结合蛋白质的复合物称为金探针。用于免疫测定时胶体金多与免疫活性物质(抗原或抗体)结合，这类胶体金结合物常称为免疫金复合物，或简称免疫金(immunogold)。

胶体金与蛋白质结合的机制尚不十分清楚，一般认为是物理吸附性的。胶体金颗粒带有一层表面阴性电荷，与蛋白质表面的阳性电荷通过静电感应相附。因此环境pH和离子强度是影响吸附的主要因素，其他如胶体金颗粒的大小、蛋白质的分子质量及蛋白质浓度等也会影响蛋白质的吸附。

(二)免疫金的制备

(1)用0.2 mol/L K_2CO_3或0.1 mol/L HCl调节胶体金溶液的pH至选定值。

原则上可选择待标记蛋白质等电点，也可略为偏碱。但通常最适反应 pH 往往需经多次试验才能确定。

在调节胶体金的 pH 时应注意，胶体金会阻塞 pH 计的电极，不可直接将电极插入胶体金溶液中，宜先用终浓度为 0.15 的聚乙二醇(PEG20000)稳定胶体金后，再测胶体金的 pH。

(2)将 1/10 体积的合适浓度的蛋白质溶液加于胶体金溶液中，放置室温反应 2～5 min。

由于盐类成分能影响胶体金对蛋白质的吸附，并可使胶体金聚沉，因此待标记蛋白质溶液若含有较高的离子浓度，应在标记前先对低离子强度的蒸馏水透析去盐。

(3)加入浓度为 0.2%的 PEG 或 BSA 以饱和游离的胶体金。

(4)离心分离，去除上清液中未结合的蛋白质。离心条件视胶体金颗粒的粒径而异：对 5 nm 金颗粒可选用 40 000 r/min 离心 1 h；8 nm 金颗粒用 25 000 r/min 离心 45 min；14 nm 金颗粒用 25 000 r/min 离心 30 min，40 nm 金颗粒用 15 000 r/min 离心 30 min。

(5)轻吸上清液。沉淀用含 PEG 或 BSA 的缓冲液悬浮，恢复原体积后再离心。如此洗涤 2～4 次。以彻底除去未结合的蛋白质。

(6)免疫金复合物最终用稀释液配制成工作浓度保存。稀释液通常是加入稳定剂的缓冲液。缓冲溶液常用中性的 PBS 或 Tris 缓冲液。

多种蛋白质、葡聚糖、PEG2000、明胶等均为良好的高分子稳定剂，PEG 和 BSA 是最常用的稳定剂。稳定剂有两大作用：一为保护胶体金的稳定性，使之便于长期保存；二为防止或减少免疫金复合物的非特异性吸附反应。稳定剂的合理选择是十分重要的，不适当的稳定剂有时也会导致非特异性反应。

三、胶体金 pH 的调整

胶体金与蛋白质的结合成功与否，取决于 pH，一般只有在蛋白质等电点(PI)略偏碱的条件下二者才能牢固地结合，因此，标记之前须将胶体金溶液的 pH 调至待标记蛋白质的等电点略偏碱。需要提高胶体金的 pH 时可用 0.1 mol K_2CO_3，需要降低胶体金的 pH 时可用 0.1 mol/L HCl。测定金溶液的 pH 可能损害 pH 测定计的探头，因此，一般用精密的 pH 试纸测定其 pH 即可。

四、蛋白质的胶体金标记

当蛋白质的最适稳定量及标记的最佳 pH 被确定以后便可进行标记。具体步骤如下。

(1)根据用以标记的胶体金的总量计算出所需要的待标记蛋白质的总量。

(2)在电磁搅拌下,将蛋白质溶液加入胶体金溶液中(pH 已调至 PI 超过 0.5 pH),加入蛋白质时应逐滴加入,1 mg 的蛋白质大约 5 min 加完。

(3)在磁性搅拌下加入 5%的牛血清白蛋白(BSA)使其终浓度为 1%,或加入 3%聚乙二醇(PEG MW 20 000)使其终浓度为 0.05%,我们对比了 BSA 和 PEG 稳定胶体金的效果,BSA 稳定的标记胶体金,放在 4℃达 2 年半仍然保持良好性能,而用 PEG 稳定的标记胶体金放在 4℃ 1 年左右就有分层现象,而且染色效果显著下降。因此,我们认为最好还是用 BSA 作稳定剂。

(4)将标记好的胶体金装入透析袋中,两头扎紧,放入蔗糖或硅胶中浓缩,浓缩到原体积的 1/10 量,浓缩完毕后纯化。离心法纯化时,不要浓缩。

五、胶体金标记蛋白质的纯化

标记好的免疫金探针必须经过纯化处理以后才能用于免疫细胞化学染色。纯化的目的是除去其中未标记的蛋白质,未充分标记的胶体金以及在标记过程中可能形成的各种聚合物。

(一)调整与超速离心法

(1)将标记的大于 10 nm 的胶体金溶液选用 15 000 r/min 4℃离心 15 min,吸出上清液,弃去沉淀,以去除大的聚合物。

(2)一般在 10 nm 以上所标记的胶体金均可在调整离心机上离心,小于 10 nm 颗粒的胶体金用超速离心机离心,在 4℃离心 1 h 左右,弃上清液,将沉淀以原体积的 0.02 mol/L TBS pH 为 8.2(内含 1% BSA,0.05%叠氮钠)溶解,重复离心 2～3 次,沉淀溶于原体积的 1/10 TBS 中。4℃保存备用。为了得到颗粒均匀一致的免疫金试剂,上述粗提制剂可用 10%～30%蔗糖或甘油溶液作密度梯度离心,分带收集不同大小颗粒的胶体金标记蛋白制剂。

(二)凝胶过滤法

为纯化免疫金探针的最好方法,其特点是简便,过滤的胶体金颗粒比较均匀,不容易凝集,而离心方法转速高,时间长,胶体金颗粒沉淀容易凝集,用凝胶过滤克服了这一弱点。选用本方法时胶体金溶液必须用牛血清白蛋白作稳定剂。具体操作过程如下。

(1)将浓缩好的胶体金以 1 500 r/min 离心去掉大的聚合物。吸出上清待过柱。

(2)柱高 34 cm,直径 1 cm,加样体积为柱床体积的 1/10。

(3)丙烯葡聚糖 S-400 装柱后用 0.02 mol/L pH 为 8.2 TBS 平衡层析柱(pH 为 7.4 者用于标记的 SPA),平衡好后,吸取上清胶体金液体加入层析柱内,加样时请注意不要破坏 S-400 的界面。

(4)用 0.02 mol/L pH 为 8.2 TBS 洗脱,先行滤出的液体有少量微黄不透亮的液体,紧接着是浓度高红色而透亮的胶体金,注意颜色的变化,如红色变淡,变黄立刻停止收集。如没有 Sephacryls-400,也可以用 Sepharose-4B 或 6B 代替(Pharmacia,Sweden)也能收到较好的效果。

【注意事项】

制备胶体金的成功与失败除试剂因素以外,玻璃仪器清洁是非常关键的一步。如果玻璃仪器内不干净或者有灰尘落入就会干扰胶体金颗粒的生成,形成的颗粒大小不一,颜色微红、无色或混浊不透明。可先用自来水把玻璃仪器上的灰尘流水冲洗干净,加入清洁液(重铬酸钾 1 000 g,加入浓硫酸 2 500 mL,加蒸馏水至 10 000 mL)浸泡 24 h,自来水洗净清洁液,然后每个玻璃仪器用洗洁剂洗 3～4 次,自来水冲洗掉洗洁剂,用蒸馏水洗 3～4 次,再用双蒸馏水洗 3～4 次,烤箱干燥后备用。

实验十　抗原和免疫血清的制备实例

第一节　颗粒性抗原的制备

颗粒性抗原主要指微生物、动物细胞。

一、绵羊红细胞的制备

绵羊红细胞是制备溶血素的免疫原，制备时采健康绵羊的颈静脉血，立即注入无菌有玻璃珠的三角瓶内，经充分摇动 15～20 min，以去除纤维蛋白，获得抗凝绵羊全血。另外，也可将全血和 Alsever 液以 1∶2 混合，Alsever 液既能起到抗凝作用又能起到保护作用。全血与 Alsever 液充分混合后，置 4℃保存可使用 3 周左右。

免疫前取适量抗凝血于离心管中，用无菌生理盐水洗细胞 2～3 次（每次 2 000 r/min，10 min）。取压积红细胞，用无菌生理盐水稀释至 2%～5%，即可用于免疫注射。

二、菌体抗原的制备

O 菌液的制备：选用经鉴定合格抗原性完整的标准菌株，接种于琼脂斜面培养基，置温箱 37℃培养 24 h 增菌；用适量生理盐水洗刮下菌苔，移入含有无菌玻璃珠的三角瓶中，充分摇动混匀菌体；100℃水浴 2～2.5 h 杀菌并破坏 H 抗原。将处理过的菌液检测有无活菌存在，合格后用生理盐水稀释成每毫升 8 亿～10 亿菌，加入石炭酸至终浓度为 5%，即为 O（菌体）抗原。

H 菌液的制备：将合格的伤寒杆菌 H 菌株接种于普通琼脂的克氏瓶或大试管内 37℃孵育 18～24 h。肉眼观察有无杂菌生长，必要时做镜检。用无菌甲醛生理盐水洗下菌苔，将洗下液体装入无菌试管内，置 37℃恒温箱 18～24 h 以杀菌。得到原液。用作无菌试验即将菌液接种于肉汤及琼脂培养基培养 4 d，无活菌生长者才可使用。

菌液的浓度可用麦克法伦特氏标准比浊法来测定，方法如下。

（1）分别配制 1%硫酸溶液及 1%氯化钡溶液。

（2）取口径相等质地相同的试管 10 支，依表 10-1 所示分别将硫酸及氯化钡溶液加入，封固管口，注明号码备用。

表 10-1　试管表

管号	1	2	3	4	5	6	7	8	9	10
1% $BaCl_2$/mL	0.1	0.2	0.3	0.4	0.5	0.6	0.7	0.8	0.9	1.0
1% H_2SO_4/mL	9.9	9.8	9.7	9.6	9.5	9.4	9.3	9.2	9.1	9.0
相当菌数/(亿/mL)	3	6	9	12	15	18	21	24	27	30

(3)将洗下的细菌原液放入与比浊管相同的试管中并予以一定稀释。与标准比浊管相比较,视其浊度相当于比浊管的第几管,然后将比浊管相当菌数乘以稀释倍数即可得到每毫升中所含细菌的数量。如细菌原液 1∶5 稀释后其浊度与第 3 管相当,则原液每毫升含菌数为 9×5=45 亿。

(4) 菌液的稀释可按下列公式计算。

$$\frac{\text{原液毫升数}\times\text{原液每毫升含菌数}}{\text{欲得稀释液浓度}-\text{原液毫升}}=\text{所需加盐水的毫升数}$$

如原液 5 mL,每毫升含菌 45 亿,今欲稀释为每毫升含菌 10 亿的溶液应加生理盐水的毫升数:

$$5\times45/(10-5)=17.5\ \text{mL}$$

即细菌原液 5 mL 加生理盐水 17.5 mL 稀释即成。

合格的原液用标准比浊管计算含菌落数目后,用生理盐水稀释至每毫升含菌 10 亿,是为了应用液加入适量甲醛使其为 0.25%,制备好的原液及应用液均保存在 2～10℃冰箱中备用,有效期为 1 年。

第二节　可溶性抗原的制备(菌脂多糖的制备实例)

脂多糖是革兰氏阴性细菌细胞壁的组成成分,所以抗脂多糖抗体的制备可用革兰氏阴性细菌菌体抗原来制备。

一、热酚提取法

原理:它是将细菌悬液加于热酸——水混合液中,冷却,离心混合液可分为水溶液层,内含水溶性脂多糖及核酸等及酸层、内含蛋白质。近年来,发现在酸层中也含糖类。经离心后沉淀含细胞残体。

(1)细菌浓悬液用盐水经 2 500 r/min,20 min 离心洗涤一次。

(2)将沉淀的菌混匀于蒸馏水中，放66℃水浴，然后滴加等量的90%热酚溶液(预热至66℃)，边加边摇，而后在66℃水浴中搅拌25 min。

(3)在水浴中冷却，于4℃冰箱过夜。

(4)以2 000 r/min离心15 min。

(5)将上层水溶液吸到另一试管中。

(6)剩下的酚层及残渣组分可再加上述同量水在热水浴中搅拌30 min，冷却，离心，取上层水溶液。将两次提的水溶液混合，置透析袋中于生理盐水中透析2 d，其间换几次盐水，以除去酚。

(7)透析后的水溶液层经浓缩(如用聚乙二醇在透析袋外层涂抹以除去水分)。即成粗制脂多糖，于冰箱内保存备用。

二、超声波处理法

(1)获得的菌液经2 500 r/min，20 min离心洗涤1～2次，将沉淀配成2倍于湿菌浓度的浓菌液。

(2)用超声波发生器中频(约相当于12 000 cps)处理20 min。

(3)处理液经3 000 r/min，离心30 min，吸取上清液即为脂多糖抗原。置4℃冰箱保存备用。

三、煮沸法

将培养后得到的浓菌液沸水浴煮沸2 h。置冰箱静置2周以上(使菌体残渣自由下沉)。3 000 r/min离心30 min，取上清液即为粗脂多糖抗原，置冰箱中保存备用。

第三节　抗菌血清的制备

一、抗原的制备

标准菌株的选择：所用的菌种伤寒杆菌H901和伤寒杆菌O901应具有典型形态菌落及生化反应。在生理盐水中不发生自身凝集，与特异血清有高度凝集者可作为菌种。

二、菌液的制备

1. 原液制备

H菌液的制备：将合格的伤寒杆菌H菌株接种于普通琼脂的克氏瓶或大试管

内 37℃孵育 18～24 h。肉眼观察有无杂菌生长，必要时做镜检。用无菌甲醛生理盐水洗下菌苔，将洗下液体装入无菌试管内，置 37℃恒温箱 18～24 h 以杀菌。得到原液。用作无菌试验即将菌液接种于肉汤及琼脂培养基培养 4 d，无活菌生长者才可使用。

O 菌液的制备：将合格的伤寒杆菌 H 菌株依上法培养后，用无菌 0.5%石炭酸盐水将菌苔洗下，洗液装入无菌试管置于 37℃温箱中 18～24 h 杀菌得原液。经检查无菌时可以使用。如无伤寒杆菌 O 菌株也可用 H 菌株制备 O 抗原。即用 0.5%石炭酸生理盐水洗下 H 菌菌液置 100℃水浴 60 min，破坏其 H 抗原即为 O 菌液。

2. 应用液的制备

合格的原液用标准比浊管计算含菌落数目后，用生理盐水稀释至每毫升含菌 10 亿。这是为了应用液加入适量甲醛使其为 0.25%，制备好的原液及应用液均保存在 2～10℃冰箱中备用，有效期为 1 年。

附　菌液浓度的计算及稀释法

菌液的浓度可用麦克法伦特氏标准比浊法来测定，方法如下。

(1)分别配制 1%硫酸溶液及 1%氯化钡溶液。

(2)取口径相等质地相同的试管 10 支，分别将硫酸及氯化钡溶液加入，封固管口，注明号码备用。

(3) 将洗下的细菌原液放入与比浊管相同的试管中并予以一定稀释。与标准比浊管相比较，视其浊度相当于比浊管的第几管，然后将比浊管相当菌数乘以稀释倍数即可得到每毫升中所含细菌的数量。如细菌原液 1∶5 稀释后其浊度与第 3 管相当，则原液每毫升含菌数为 9×5=45(亿)。

(4)如原液 5 mL，每毫升含菌 45 亿，今欲稀释为每毫升含菌 10 亿的溶液应加生理盐水的毫升数：5×45/(10－5)＝17.5 mL 即细菌原液 5 mL 加生理盐水 17.5 mL稀释即成。

3. 免疫方法

(1)选择体重 2～3 kg 的健康雄兔 2～3 只，由耳静脉采血 1 mL，分离血清。与进行免疫用的细菌做凝集试验，测定有无天然凝集素。如无或微量时，该动物可用于免疫。

(2)将已稀释的抗原按表 10-2 中剂量及程序注入兔耳静脉。

表 10-2　注射剂量

注射日期	第 1 天	第 5 天	第 10 天	第 15 天	第 20 天
注射剂量	0.5 mL	1 mL	1.5 mL	2 mL	2.5 mL

(3)注射后 7 d 耳静脉采血 1 mL,分离血清。用上述菌液作试管凝集试验,滴定抗菌血清中抗体的效价,效价在 1∶2 000 以上可放血。若效价不高可再增量注射菌液 1～2 次,再行试血。试血合格可颈动脉放血。分离血清,加入防腐剂(如万分之一的硫化汞)放 4℃保存备用。

第四节　红细胞抗体(溶血素)的制备

【实验材料】

①动物:家兔。

②红细胞悬液。

③其他:无菌生理盐水,保存液(阿氏液)等。

【操作方法】

(1)选择 2～3 kg 健康雄兔,按表 10-3 中剂量及程序免疫。

表 10-3　免疫剂量及程序

日期	剂量/mL	途径
第 1 天	全血 0.5	皮内
第 3 天	全血 1.0	皮内
第 5 天	全血 1.5	皮内
第 7 天	全血 2.0	皮内
第 9 天	全血 2.5	皮内
第 12 天	20%红细胞悬液　全血 1.0	静脉
第 15 天	20%红细胞悬液　全血 1.0	静脉

(2)末次注入后 7 d,耳静脉采血 1 mL,滴定血液单位达 1∶2 000 以上可颈动脉放血,分离血清,放等量甘油防腐,分装无菌安瓿,贮于 4℃中备用。

实验十一　菌种保藏

【实验目的】

微生物在使用和传代过程中容易发生污染、变异甚至死亡，因而常常造成菌种的衰退，并有可能使优良菌种丢失。菌种保藏的重要意义就在于尽可能保持其原有性状和活力的稳定，确保菌种不死亡、不变异、不被污染，以达到便于研究、交换和使用等诸方面的需要。

【实验原理】

无论采用何种保藏方法，首先，应该挑选典型菌种的优良纯种来进行保藏，最好保藏它们的休眠体，如分生孢子、芽孢等。其次，应根据微生物生理、生化特点，人为地创造环境条件，使微生物长期处于代谢不活泼、生长繁殖受抑制的休眠状态。这些人工造成的环境主要是干燥、低温和缺氧，另外，避光、缺乏营养、添加保护剂或酸度中和剂也能有效提高保藏效果。

【实验步骤】

1. 斜面低温保藏法

将菌种接种在适宜的固体斜面培养基上，待菌充分生长后，棉塞部分用油纸包扎好，移至4℃的冰箱中保藏。

保藏时间依微生物的种类而有不同，霉菌、放线菌及有芽孢的细菌保存2～4个月，移种一次。酵母菌2个月，细菌最好每月移种一次。

此法为实验室和工厂菌种室常用的保藏法，优点是操作简单，使用方便，不需特殊设备，能随时检查所保藏的菌株是否死亡、变异与污染杂菌等。缺点是容易变异，因为培养基的物理、化学特性不是严格恒定的，屡次传代会使微生物的代谢改变，而影响微生物的性状；污染杂菌的机会亦较多。

2. 液体石蜡保藏法

(1)将液体石蜡分装于三角烧瓶内，塞上棉塞，并用牛皮纸包扎，1.05 kg/cm^2，121.3℃灭菌30 min，然后放在40℃温箱中，使水汽蒸发掉，备用。

(2)将需要保藏的菌种，在最适宜的斜面培养基中培养，使得到健壮的菌体或孢子。

(3)用灭菌吸管吸取灭菌的液体石蜡，注入已长好菌的斜面上，其用量以高出斜面顶端1 cm为准，使菌种与空气隔绝。

(4)将试管直立，置低温或室温下保存(有的微生物在室温下比冰箱中保存的时间还要长)。

此法实用而效果好。霉菌、放线菌、芽孢细菌可保藏2年以上不死，酵母菌可保藏1～2年，一般无芽孢细菌也可保藏1年左右，甚至用一般方法很难保藏的脑膜炎球菌，在37℃温箱内，亦可保藏3个月之久。此法的优点是制作简单，不需特殊设备，且不需经常移种。缺点是保存时必须直立放置，所占位置较大，同时也不便携带。从液体石蜡下面取培养物移种后，接种环在火焰上烧灼时，培养物容易与残留的液体石蜡一起飞溅，应特别注意。

3. 滤纸保藏法

(1)将滤纸剪成0.5 cm×1.2 cm的小条，装入0.6 cm×8 cm的安瓿管中，每管1～2张，塞以棉塞，1.05 kg/cm^2，121.3℃灭菌30 min。

(2)将需要保存的菌种，在适宜的斜面培养基上培养，使充分生长。

(3)取灭菌脱脂牛乳1～2 mL滴加在灭菌培养皿或试管内，取数环菌苔在牛乳内混匀，制成浓悬液。

(4)用灭菌镊子自安瓿管取滤纸条浸入菌悬液内，使其吸饱，再放回至安瓿管中，塞上棉塞。

(5)将安瓿管放入内有五氧化二磷作吸水剂的干燥器中，用真空泵抽气至干。

(6)将棉花塞入管内，用火焰熔封，保存于低温下。

(7)需要使用菌种，复活培养时，可将安瓿管口在火焰上烧热，滴1滴冷水在烧热的部位，使玻璃破裂，再用镊子敲掉口端的玻璃，待安瓿管开启后，取出滤纸，放入液体培养基内，置温箱中培养。

细菌、酵母菌、丝状真菌均可用此法保藏，前两者可保藏2年左右，有些丝状真菌甚至可保藏14～17年之久。此法较液氮、冷冻干燥法简便，不需要特殊设备。

4. 沙土保藏法

(1)取河沙加入10%稀盐酸，加热煮沸30 min，以去除其中的有机质。

(2)倒去酸水，用自来水冲洗至中性。

(3)烘干，用40目筛子过筛，以去掉粗颗粒，备用。

(4)另取非耕作层的不含腐殖质的瘦黄土或红土，加自来水浸泡洗涤数次，直至中性。

(5)烘干，碾碎，通过 100 目筛子过筛，以去除粗颗粒。

(6)按一份黄土、三份沙的比例(或根据需要而用其他比例，甚至可全部用沙或全部用土)掺和均匀，装入 10 mm×100 mm 的小试管或安瓿管中，每管装 1 g 左右，塞上棉塞，进行灭菌，烘干。

(7)抽样进行无菌检查，每 10 支沙土管抽一支，将沙土倒入肉汤培养基中，37℃培养 48 h，若仍有杂菌，则需全部重新灭菌，再作无菌试验，直至证明无菌，方可备用。

(8)选择培养成熟的(一般指孢子层生长丰满的，营养细胞用此法效果不好)优良菌种，以无菌水洗下，制成孢子悬液。

(9)于每支沙土管中加入约 0.5 mL(一般以刚刚使沙土润湿为宜)孢子悬液，以接种针拌匀。

(10)放入真空干燥器内，用真空泵抽干水分，抽干时间越短越好，务使在 12 h 内抽干。

(11)每 10 支抽取一支，用接种环取出少数沙粒，接种于斜面培养基上，进行培养，观察生长情况和有无杂菌生长，如出现杂菌或菌落数很少或根本不长，则说明制作的沙土管有问题，尚须进一步抽样检查。

(12)若经检查没有问题，用火焰熔封管口，放冰箱或室内干燥处保存。每半年检查一次活力和杂菌情况。

(13)需要使用菌种，复活培养时，取沙土少许移入液体培养基内，置温箱中培养。

此法多用于能产生孢子的微生物如霉菌、放线菌，因此在抗生素工业生产中应用最广，效果亦好，可保存 2 年左右，但应用于营养细胞效果不佳。

5. 麸皮保藏法

麸皮保藏法亦称曲法保藏。即以麸皮作载体，吸附接入的孢子，然后在低温干燥条件下保。

(1)按照不同菌种对水分要求的不同将麸皮与水以一定的比例 1∶(0.8～1.5)拌匀。

(2)装到试管中，体积 2/5，湿热灭菌后经冷却，接入新鲜培养的菌种，适温培养至孢子长成。

(3)将试管置于盛有氯化钙等干燥剂的干燥器中，于室温下干燥数日后移入低温下保藏；干燥后也可将试管用火焰熔封，再保藏，则效果更好。

此法适用于产孢子的霉菌和某些放线菌，保藏期在 1 年以上。因操作简单，经济实惠，工厂较多采用。中国科学院微生物研究所采用麸皮保藏法保藏曲霉，如米曲霉、黑曲霉、泡盛曲霉等，其保藏期可达数年至数十年。

6. 液氮冷冻保藏法

(1)准备安瓿管用于液氮保藏的安瓿管，要求能耐受温度突然变化而不致破裂，因此，需要采用硼硅酸盐玻璃制造的安瓿管，安瓿管的大小通常使用 75 mm×10 mm 的，或能容 1.2 mm 液体的。

(2)加保护剂与灭菌保存细菌、酵母菌或霉菌孢子等容易分散的细胞时，则将空安瓿管塞上棉塞，1.05 kg/cm^2，121.3℃灭菌 15 min；若作保存霉菌菌丝体用则需在安瓿管内预先加入保护剂如 10%的甘油蒸馏水溶液或 10%二甲亚砜蒸馏水溶液，加入量以能浸没以后加入的菌落圆块为限，而后再用 1.05 kg/cm^2，121.3℃灭菌 15 min。

(3)接入菌种将菌种用 10%的甘油蒸馏水溶液制成菌悬液，装入已灭菌的安瓿管；霉菌菌丝体则可用灭菌打孔器，从平板内切取菌落圆块，放入含有保护剂的安瓿管内，然后用火焰熔封。浸入水中检查有无漏洞。

(4)冻结再将已封口的安瓿管以每分钟下降 1℃的慢速冻结至－30℃。若细胞急剧冷冻，则在细胞内会形成冰的结晶，因而降低存活率。

(5)保藏经冻结至－30℃的安瓿管立即放入液氮冷冻保藏器的小圆筒内，然后再将小圆筒放入液氮保藏器内。液氮保藏器内的气相为－150℃，液态氮内为－196℃。

(6)恢复培养保藏的菌种需要用时，将安瓿管取出，立即放入 38～40℃的水浴中进行急剧解冻，直到全部融化为止。再打开安瓿管，将内容物移入适宜的培养基上培养。

此法除适宜于一般微生物的保藏外，对一些用冷冻干燥法都难以保存的微生物如支原体、衣原体、氢细菌、难以形成孢子的霉菌、噬菌体及动物细胞均可长期保藏，而且性状不变异。缺点是需要特殊设备。

7. 冷冻干燥保藏法

(1)准备安瓿管用于冷冻干燥菌种保藏的安瓿管宜采用中性玻璃制造，形状可用长颈球形底的，亦称泪滴形安瓿管，大小要求外径 6～7.5 mm，长 105 mm，球部直径 9～11 mm，壁厚 0.6～1.2 mm。也可用没有球部的管状安瓿管。塞好棉塞，1.05 kg/cm^2，121.3℃灭菌 30 min，备用。

(2)准备菌种，用冷冻干燥法保藏的菌种，其保藏期可达数年至十数年，为了在许多年后不出差错，故所用菌种要特别注意其纯度，即不能有杂菌污染，然后在最适培养基中用最适温度培养，使培养出良好的培养物。细菌和酵母的菌龄要求超过对数生长期，若用对数生长期的菌种进行保藏，其存活率反而降低。一般，细菌要求 24～48 h 的培养物；酵母需培养 3 d；形成孢子的微生物则宜保存孢子；放线菌与丝状真菌则培养 7～10 d。

(3)制备菌悬液与分装以细菌斜面为例，用脱脂牛乳 2 mL 左右加入斜面试管中，制成浓菌液，每支安瓿管分装 0.2 mL。

(4)冷冻。冷冻干燥器有成套的装置出售，价值昂贵，此处介绍的是简易方法与装置，可达到同样的目的。

将分装好的安瓿管放低温冰箱中冷冻，无低温冰箱可用冷冻剂如干冰(固体 CO_2)酒精液或干冰丙酮液，温度可达－70℃。将安瓿管插入冷冻剂，只需冷冻 4～5 min，即可使悬液结冰。

(5)真空干燥。为在真空干燥时使样品保持冻结状态，需准备冷冻槽，槽内放碎冰块与食盐，混合均匀，可冷至－15℃。装置仪器，安瓿管放入冷冻槽中的干燥瓶内。

抽气一般若在 30 min 内能达到 93.3 Pa(0.7 mmHg)真空度时，则干燥物不致熔化，以后再继续抽气，几小时内，肉眼可观察到被干燥物已趋干燥，一般抽到真空度 26.7 Pa(0.2 mmHg)，保持压力 6～8 h 即可。

(6)封口抽真空干燥后，取出安瓿管，接在封口用的玻璃管上，可用 L 形五通管。

(7)继续抽气，约 10 min 即可达到 26.7 Pa(0.2 mmHg)。于真空状态下，以煤气喷灯的细火焰在安瓿管颈中央进行封口。封口以后，保存于冰箱或室温暗处。

此法为菌种保藏方法中最有效的方法之一，对一般生活力强的微生物及其孢子以及无芽孢菌都适用，即使对一些很难保存的致病菌，如脑膜炎球菌与淋病球菌等亦能保存。适用于菌种长期保存，一般可保存数年至十余年，但设备和操作都比较复杂。

参考文献

[1] 梁英杰.免疫组织化学技术制片的规范和质量控制.中国组织化学与细胞化学杂志,2004,13(2):262-264.
[2] 周小鸽,王鹏,陆鸣,等.加热抗原修复对内源性生物素的影响及其对策.中华病理学杂志,2002, 31(6): 504-509.
[3] 周庚寅.组织病理学技术. 北京:北京大学医学出版社,2006.
[4] 倪灿荣,马大烈,戴益民.免疫组织化学实验技术及应用.北京:化学工业出版社,2007.
[5] 陈万涛.口腔临床免疫学实验技术. 上海:上海交通大学出版社,2009.
[6] 崔治中.兽医免疫学实验指导.北京:中国农业出版社,2006.
[7] 郭鑫.动物免疫学实验教程. 北京:中国农业大学出版社,2007.
[8] 胡桂学.兽医微生物学实验教程. 北京:中国农业大学出版社, 2006.
[9] 王冬梅.免疫学实验指导. 兰州: 兰州大学出版社, 2008.
[10] 王冬梅.免疫学指导.兰州:兰州大学出版社, 2008.
[11] 金海燕,易光辉,谭健苗.机能实验学.北京:科学出版社,2013.
[12] 崔治中.兽医免疫学实验指导.北京:中国农业出版社, 2006.
[13] 刘宝全.兽医生物制品学.北京:中国农业出版社,1995.
[14] 杨斐,胡樱.实验动物学基础与技术.上海:复旦大学出版社, 2010.
[15] 郦国良,佟煜人. 特种经济动物养殖技术.北京:农村读物出版社,1996.
[16] 杨汉春.动物免疫学.北京:中国农业出版社,2003.
[17] 杨廷彬.免疫学及免疫学检验.北京:人民卫生出版社,1999.
[18] 李成文.现代免疫学化学技术.上海:上海科学技术出版社,1992.
[19] 王钦富.免疫学及免疫学检验试验技术.北京:中国医药科技出版社,1995.
[20] 何昭阳.动物免疫学实验技术.长春:吉林科学技术出版社,2002.
[21] 张秋萍.医学免疫学实验技术.武汉:武汉大学出版社,2002.
[22] 刘宝全.兽医免疫学实验指导.上海:上海科学技术出版社,1982.
[23] 韩文喻.病原细菌检验技术.长春:吉林科学出版社,1992.
[24] 徐为燕.兽医病毒学.北京:农业出版社,1992.

[25] 殷震.动物病毒学.北京:科学出版社,1997.
[26] 王兰兰.临床免疫学和免疫检验.北京:人民卫生出版社,2003.
[27] 沈关心.现代免疫学实验技术.武汉:湖北科学技术出版社,2002.